全国技工院校计算机类专业（中／高级技能层级）

常用办公软件（第四版）

实训题集

主　编　杨芳宇

副主编　刘万波　尹　威　王秀娟

主　审　徐千力

中国劳动社会保障出版社

简介

本书是全国技工院校计算机类专业教材（中 / 高级技能层级）《常用办公软件（第四版）》的配套实训题集。

本书按照教材项目、任务顺序编排，根据教材讲授的知识与技能设置实训任务，具有较强的可操作性和拓展性，可帮助学生进一步巩固所学知识，锻炼实际操作能力。

完成本书实训任务所需的相关素材可通过技工教育网（http://jg.class.com.cn）下载使用。

本书由杨芳宇担任主编，刘万波、尹威、王秀娟担任副主编，李帛霖、崔浩洋、王晓丹、于文轲参与编写，徐千力担任主审。

图书在版编目（CIP）数据

常用办公软件（第四版）实训题集 / 杨芳宇主编. -- 北京：中国劳动社会保障出版社，2023

全国技工院校计算机类专业. 中 / 高级技能层级

ISBN 978-7-5167-6130-4

Ⅰ. ①常…　Ⅱ. ①杨…　Ⅲ. ①办公自动化 – 应用软件 – 技工学校 – 习题集　Ⅳ. ①TP317.1-44

中国国家版本馆 CIP 数据核字（2023）第 195283 号

中国劳动社会保障出版社出版发行

（北京市惠新东街 1 号　邮政编码：100029）

*

北京宏伟双华印刷有限公司印刷装订　　新华书店经销

787 毫米 ×1092 毫米　16 开本　12.5 印张　242 千字

2023 年 11 月第 1 版　　2023 年 11 月第 1 次印刷

定价：32.00 元

营销中心电话：400-606-6496

出版社网址：http://www.class.com.cn

http://jg.class.com.cn

目　录

CONTENTS

项目一　计算机基础知识

项目二　Windows 10 操作系统的使用

项目三　Word 2021 的使用

项目四　Excel 2021 的使用

项目五　PowerPoint 2021 的使用

项目一

计算机基础知识

实训任务
文字录入

一、实训任务

某单位需要对员工进行计算机培训，让员工学会计算机文字录入操作。

二、任务分析

要完成本实训任务，应按照图 1-1-1 所示的思维导图复习教材中所学的知识点和技能点。

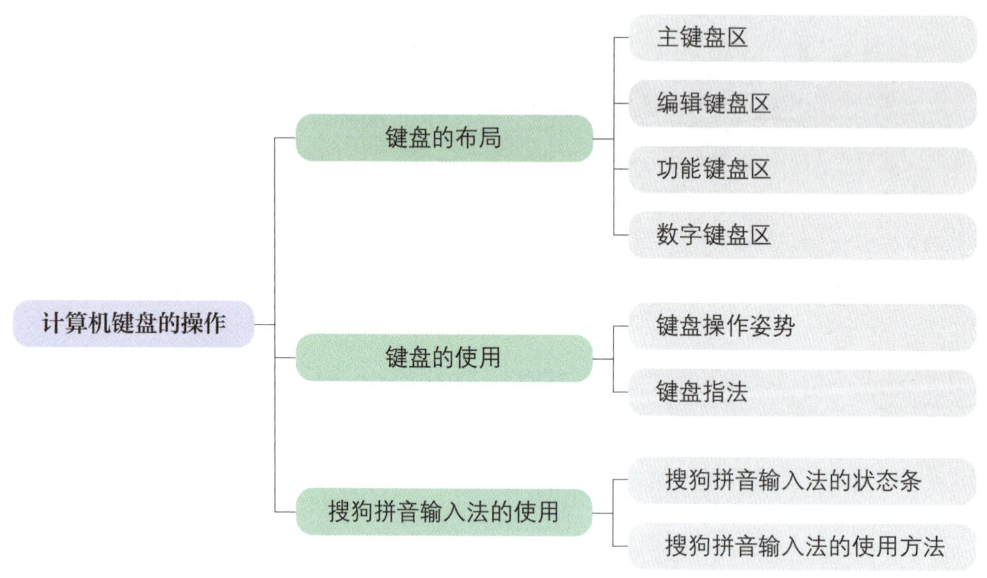

图 1-1-1　思维导图

本实训任务是为提高某单位员工的计算机操作基本技能，使用金山打字通软件，通过键盘的基本操作方法学会盲打，并能按金山打字通软件提供的键位操作练习、英文单词练习、英文语句练习、英文文章练习、中文文章练习等进行操作。

三、计划制订

根据任务分析，学生自己制订完成本实训任务的实训计划，并填写在表 1–1–1 中。

表 1–1–1　实训计划

序号	工作内容	所需时间

四、操作步骤提示

本实训任务的操作步骤提示见表 1–1–2。

表 1–1–2　操作步骤提示

序号	操作步骤	内容
1	启动软件	使用鼠标左键双击桌面上的“金山打字通”图标，启动“金山打字通”软件
2	键位操作练习	按照基本键位指法要求，进行键位练习，达到盲打效果
3	英文单词练习	键位练习结束后，进入单词练习阶段，按正确指法要求进行练习
4	英文语句练习	单词练习结束后，进入英文语句练习阶段，按正确指法要求进行练习
5	英文文章练习	选择“英文打字”中的文章进行练习
6	中文文章练习	切换到搜狗输入法，选择“拼音打字”中的文章进行练习

五、总结与评价

实训完成后，学生分组总结打字技巧，解说完成实训过程中的心得体会。总结完毕，可以从键位操作准确率、文章正确率、打字速度等方面对该实训任务进行评价，采用学生自评、学生互评、教师评价相结合的多元评价方式，见表 1–1–3。

表 1-1-3　实训评价

序号	评价要求	分值	学生自评（占比 30%）	学生互评（占比 30%）	教师评价（占比 40%）
1	能准确分析实训任务要求	10			
2	能熟练运用软件，操作设置准确	10			
3	能熟练进行键位操作练习	10			
4	能熟练进行英文单词练习	10			
5	能熟练进行英文语句练习	10			
6	能熟练进行英文文章练习	20			
7	能熟练进行中文文章练习	20			
8	能熟练进行效果展示及作品解说	10			
综合得分		100			

六、实训拓展

根据“金山打字通”软件提供的功能完成操作练习，操作提示及要求如下。

1. 启动“金山打字通”软件。

2. 单击“英文打字”选项，再单击“文章练习”选项，在“课程选择”下拉菜单中选择“第二课”英文文章进行练习，并记录正确率和打字速度。

3. 切换到搜狗输入法，单击“拼音打字”选项，再单击“文章练习”选项，在“课程选择”下拉菜单中选择“第二课”中文文章进行练习，并记录正确率和打字速度。

七、知识巩固与提高

1.（多选）在下列选项中，（　　）项目属于计算机在生活中的应用。

A. 编写文档　　B. 远距离通信

C. 查询资料　　D. 浏览信息

2.（多选）在下列选项中，（　　）项目属于计算机在生产和科研中的应用。

A. 科学计算　　B. 信息处理

C. 自动化生产　　D. 多媒体创作

3.（　　）是个人计算机最为传统的类型，也是使用最多的类型，其主要由主机、显示器、键盘、鼠标等组成。

A. 台式机　　B. 笔记本

C. 一体机　　　　D. 平板电脑

4.（　　）是指构成计算机的物理设备，它是计算机软件运行的基础。

A. 软件系统　　　　B. 操作系统

C. 硬件系统　　　　D. 应用软件

5.（多选）在下列选项中，（　　）等设备属于输入设备。

A. 键盘　　　　B. 打印机

C. 鼠标　　　　D. 扫描仪

6.（　　）是计算机的核心部件，是整个计算机系统的指挥中心，其主要功能是执行系统的指令，进行逻辑运算、传输和控制输入 / 输出（I/O）操作指令等。

A. 中央处理器　　　　B. 存储器

C. 内存　　　　D. 运算器

7.（多选）在下列选项中，（　　）等设备属于输出设备。

A. 音箱　　　　B. 打印机

C. 显示器　　　　D. 扫描仪

8. 计算机中所有数据都是以二进制（逢 2 进 1，数字仅由 0 和 1 两个数码组成）来表示的，一个二进制代码称为一位，记为 bit。（　　）是计算机中表示信息的最小单位。

A. 字节　　　　B. 位

C. 千字节　　　　D. 兆字节

9. 键盘是最基本的输入设备，按照功能不同，可以将键盘分为（　　）个键区。

A. 4　　　　B. 5

C. 6　　　　D. 7

10. 按下（　　）键可截取当前屏幕的全部内容并将其保存到剪贴板中，然后到需要使用该图的软件中粘贴即可。

A. 删除　　　　B. 滚动锁定

C. 截屏　　　　D. 翻页

11.（多选）使用键盘时，一定要坐姿端正。如果坐姿不正确，不但会影响打字速度，还容易导致疲劳、出错。正确的坐姿应做到（　　）。

A. 身体要坐正，双脚平放在地上

B. 肩部放松，上臂自然下垂

C. 手腕要放松，轻轻抬起，不要靠在桌子或键盘上

D. 身体与键盘的距离以两手刚好放在基本键上为准

12. 在众多中文输入法中，(　　) 输入法使用简单，无须专门学习，只要掌握汉语拼音就可以输入汉字，因此得到了广泛的应用。

A. 五笔字型　　B. 笔画

C. 双拼　　D. 拼音

项目二

Windows 10 操作系统的使用

实训任务 1
操作系统的个性化设置

一、实训任务

某单位新进了一批计算机，并发给了单位员工，员工收到计算机后想要根据需要对计算机桌面进行个性化设置，现需要进行个性化设置培训，要求员工在 30 min 内，利用 Windows 10 操作系统的更改外观设置、“开始”菜单设置、“任务栏”设置等操作，完成计算机桌面的个性化设置。

二、任务分析

要完成本实训任务，应按照图 2-1-1 所示的思维导图复习教材中所学的知识点和技能点。

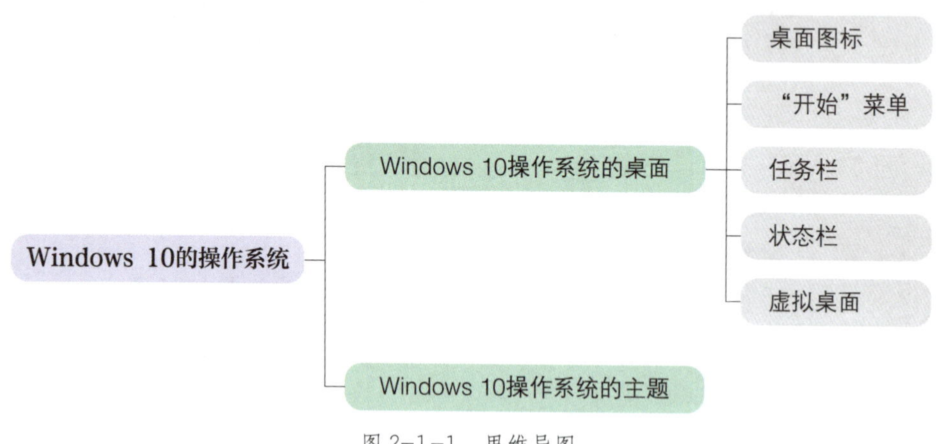

图 2-1-1　思维导图

本实训任务是为提高某单位员工计算机操作系统的操作技能，在 Windows 10 操作系统桌面上进行个性化设置，按照员工个人需求进行更改外观设置、“开始”菜单设置、“任务栏”设置等操作。

三、计划制订

根据任务分析，学生自己制订完成本实训任务的实训计划，并填写在表 2–1–1 中。

表 2–1–1 实训计划

序号	工作内容	所需时间

四、操作步骤提示

本实训任务的操作步骤提示见表 2–1–2。

表 2–1–2 操作步骤提示

序号	操作步骤	内容
1	启动 Widows10 操作系统	接通计算机电源，打开计算机主机和显示器开关
2	更改计算机名	将计算机名更改为“WWK”
3	更改外观设置	（1）在网络上下载一张图片，将此图片设置为桌面背景，并将选择契合度设置为“居中” （2）将颜色设置为“深色”，透明效果为“开”，主题颜色为“绿色” （3）将屏幕保护程序设置为“3D 文字”，自定义文字为“休息时间，请稍候”，旋转类型为“跷跷板式”，等待时间为“3 分钟”
4	“开始”菜单设置	在“开始”菜单默认设置基础上，将“使用全屏‘开始’屏幕”和“显示最常用的应用”打开
5	“任务栏”设置	在“任务栏”默认设置基础上，将“使用小任务栏按钮”和“在桌面模式下自动隐藏任务栏”打开
6	退出 Windows 10 操作系统	使用 Windows 10 操作系统关闭计算机

五、总结与评价

实训完成后，学生分组总结桌面个性化设置技巧，解说完成实训过程中的心得体会。总结完毕，可以从个性化设置的美观度、操作熟练度等方面对该实训任务进行评价，采用学生自评、学生互评、教师评价相结合的多元评价方式，见表 2-1-3。

表 2-1-3　实训评价

序号	评价要求	分值	学生自评（占比 30%）	学生互评（占比 30%）	教师评价（占比 40%）
1	能准确分析实训任务要求	10			
2	能熟练使用操作系统，操作设置准确	10			
3	能熟练进行 Windows 10 操作系统启动操作	10			
4	能熟练进行计算机更名操作	10			
5	能熟练进行桌面外观设置操作	20			
6	能熟练进行“开始”菜单设置	10			
7	能熟练进行“任务栏”设置	20			
8	能熟练进行效果展示及作品解说	10			
	综合得分	100			

六、实训拓展

根据 Windows 10 操作系统提供的功能完成操作练习，操作提示及要求如下。

1. 启动 Windows 10 操作系统。

2. 将计算机更名为“YYK”。

3. 进行外观设置中的背景设置，在选择图片中将第三张图片设置为背景；进行颜色设置，在选择颜色中设置为“浅色”，将透明效果关闭；将主题颜色设置为“蓝色”；将屏幕保护程序设置为“彩带”，将等待时间设置为“6 分钟”。

4. 进行“开始”菜单设置，在“开始”菜单默认设置基础上，将“在‘开始’菜单上显示更多磁贴”打开。

5. 进行“任务栏”设置，在“任务栏”默认设置基础上，将“在任务栏按钮上显示角标”打开。

七、知识巩固与提高

1. Windows 10 操作系统主要有家庭版、专业版、企业版、(　　　)、专业工作站版、物联网核心版等。

A. 教育版　　B. 家教版

C. 计算机版　　D. 服务版

2. 启动 Windows 10 操作系统后，屏幕上出现的整个区域称为（　　）。

A. 系统区　　B. 图标区

C. 桌面　　D. 显示区

3. 在桌面环境中单击左下角的（　　）或按下键盘上的 Windows 图标键即可打开“开始”菜单。

A. 图标　　B. Windows 图标

C. 任务栏　　D. 按钮

4.（　　）位于桌面最下方，所有打开的文件夹、文件、程序等都在这里以标签形式出现，单击标签即可切换到相应的窗口。

A. 图标　　B. Windows 图标

C. 任务栏　　D. 按钮

5.（　　）在任务栏的右侧，主要用于显示语言工具栏、软件状态图标、系统时间等。

A. 时间按钮　　B. Windows 图标

C. 状态栏　　D. 按钮

6. 虚拟桌面是 Windows 10 操作系统中新增的功能，按下组合键“（　　）”或者单击任务栏上的“任务视图”按钮即可打开虚拟桌面。

A. Win+Tab　　B. Win+Shift

C. Win+Ctrl　　D. Win+Alt

7. 启动 Windows 10 操作系统后，如果有多个用户，可以选择（　　）用户进行登录，输入相应的密码后进入 Windows 10 操作系统界面。

A. 单个　　B. 多个

C. 某一个　　D. 两个

实训任务 2
资源管理器的使用

一、实训任务

某单位为让员工在计算机中存放的材料更具有规范性，需要员工利用计算机操作系统的文件管理功能，创建不同层次的文件夹，将文件进行规范存档。要求员工在 20 min 内，利用 Windows 10 操作系统的创建文件夹、文件的复制、创建库和资源管理器等操作，完成文件的规范管理。

二、任务分析

要完成本实训任务，应按照图 2-2-1 所示的思维导图复习教材中所学的知识点和技能点。

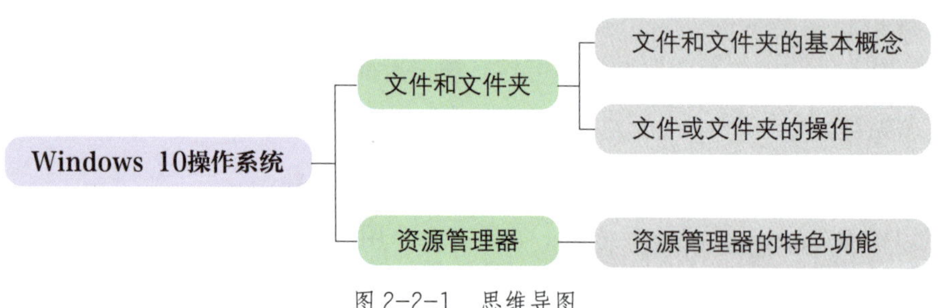

图 2-2-1　思维导图

本实训任务是为提高某单位员工计算机操作系统的操作技能，在 Windows 10 操作系统创建不同层次的文件夹，按照员工对文件管理的需求进行创建文件夹、创建库、文件复制、快速访问设置、设置排列方式等操作。

三、计划制订

根据任务分析，学生自己制订完成本实训任务的实训计划，并填写在表 2-2-1 中。

表 2-2-1　实训计划

序号	工作内容	所需时间

四、操作步骤提示

本实训任务的操作步骤提示见表 2-2-2。

表 2-2-2　操作步骤提示

序号	操作步骤	内容
1	启动 Widows10 操作系统	接通计算机电源，打开计算机主机和显示器开关
2	创建文件夹	在 D 盘创建文件夹，将其命名为“材料管理文件夹”，在该文件夹下再创建三个文件夹，名称分别为“图片”“音乐”“文件”
3	复制文件	将计算机中所有的图片、音乐、文件等按类别分别存入上面三个文件夹中
4	快速访问设置	将“材料管理文件夹”添加到快速访问中
5	创建库	创建一个库，将其命名为“材料管理库”，将“材料管理文件夹”加入“材料管理库”中
6	设置排列方式	设置排列方式为“类型”“递减”
7	退出 Windows 10 操作系统	使用 Windows 10 操作系统关闭计算机

五、总结与评价

实训完成后，学生分组总结文件管理操作技巧，解说完成实训过程中的心得体会。总结完毕，可以从文件管理的规范性、操作熟练程度等方面对该实训任务进行评价，采用学生自评、学生互评、教师评价相结合的多元评价方式，见表 2-2-3。

表 2-2-3　实训评价

序号	评价要求	分值	学生自评（占比 30%）	学生互评（占比 30%）	教师评价（占比 40%）
1	能准确分析实训任务要求	10			
2	能熟练使用操作系统，操作设置准确	10			
3	能熟练进行创建文件夹操作	10			
4	能熟练进行复制文件操作	10			
5	能熟练进行快速访问设置	10			
6	能熟练进行创建库操作	20			
7	能熟练进行排列方式设置	20			
8	能熟练进行效果展示及作品解说	10			
综合得分		100			

六、实训拓展

根据 Windows 10 操作系统提供的功能完成操作练习，操作提示及要求如下。

1. 启动 Windows 10 操作系统。

2. 在 E 盘创建文件夹，将其命名为“资料管理”，在此文件夹下面再创建 5 个文件夹，名称分别为“李一”“王二”“赵三”“孙四”“于五”。

3. 复制文件，将计算机中 5 个人的个人材料分别复制到以上 5 个文件夹中。

4. 创建库，将其命名为“材料库”，将“资料管理”添加到“材料库”中。

5. 在“材料库”中，将排列方式设置为“大小”“递增”。

七、知识巩固与提高

1.（　　）是指记录在存储介质（如磁盘、光盘、U 盘）上的一组相关信息的集合。

A. 文件　　B. 文件夹

C. 库　　D. 资源管理器

2. 按照 Windows 操作系统的命名规定，主文件名可以是英文字符、（　　）、数字以及一些特殊符号。

A. 文字　　B. 汉字

C. 字符　　D. 字母

3.（　　）是查看、管理、使用文件和文件夹最主要的工具，在 Windows 10 操作系统中打开任意文件夹，都将进入资源管理器界面。

A. 管理器　　B. 文件夹

C. 资源管理器　　D. 文件

4.（多选）Windows 10 操作系统资源管理器的特色功能有（　　）。

A. 快速访问　　B. 搜索框

C. 地址栏　　D. 预览窗格

5.（　　）是 Windows 10 操作系统中提供的一个文件管理功能，利用库功能，用户可以打破磁盘和文件夹存储位置的限制，将具有同一类特征的文件或文件夹归类到一起，便于管理和使用。

A. 管理器　　B. 文件夹

C. 资源管理器　　D. 库

6. 使用鼠标配合功能键可以实现复制等功能，实际操作中更为高效，复制的快捷键为（　　）。

A. Ctrl+A　　B. Ctrl+V

C. Ctrl+X　　D. Ctrl+C

7. 在预览图片时，选择“超大图标”或者（　　）视图模式可以方便地查看大尺寸缩略图。

A. 列表　　B. 大图标

C. 平铺　　D. 小图标

实训任务 3
管理用户账户与软硬件

一、实训任务

某单位为让员工的计算机具有保密性，并根据需要安装不同的软件程序，需要员工通过计算机操作系统的账户管理和软硬件安装等操作，设置不同的用户账户和密码，并能根据需要安装软件程序。要求员工在 30 min 内，利用 Windows 10 操作系统的创建账户、设置密码、删除账户、安装程序和卸载程序等操作，完成计算机个人需求操作。

二、任务分析

要完成本实训任务，应按照图 2-3-1 所示的思维导图复习教材中所学的知识点和技能点。

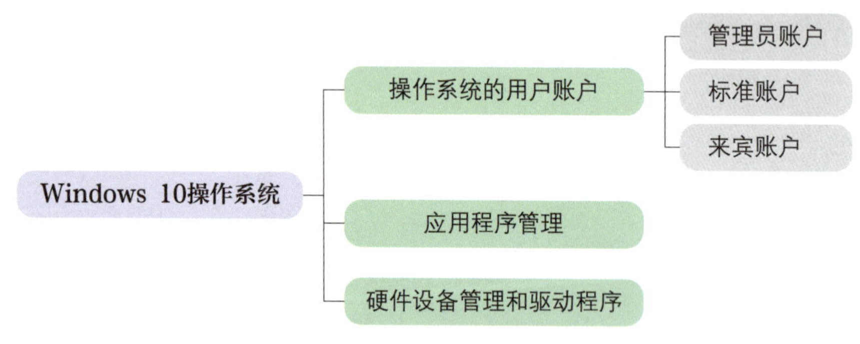

图 2-3-1 思维导图

本实训任务是为提高某单位员工计算机操作系统的操作技能，在 Windows 10 操作系统上进行账户设置和软硬件安装，按照员工个人需求进行创建账户、删除账户、安装程序和卸载程序等操作。

三、计划制订

根据任务分析，学生自己制订完成本实训任务的实训计划，并填写在表 2-3-1 中。

表 2-3-1　实训计划

序号	工作内容	所需时间

四、操作步骤提示

本实训任务的操作步骤提示见表 2-3-2。

表 2-3-2　操作步骤提示

序号	操作步骤	内容
1	启动 Widows10 操作系统	接通计算机电源，打开计算机主机和显示器开关
2	创建账户	创建账户，将其命名为“wxj”，密码设置为“147258”
3	删除账户	删除名称为“wxj”的账户
4	安装程序	在网络上下载 Office 2021 程序，在本地计算机上安装 Office 2021 程序
5	卸载程序	卸载 Office 2021 程序

五、总结与评价

实训完成后，学生分组总结账户设置和软硬件安装技巧，解说完成实训过程中的心得体会。总结完毕，可以从账户创建和删除、软件安装和卸载等方面对该实训任务进行评价，采用学生自评、学生互评、教师评价相结合的多元评价方式，见表 2-3-3。

表 2-3-3　实训评价

序号	评价要求	分值	学生自评（占比 30%）	学生互评（占比 30%）	教师评价（占比 40%）
1	能准确分析实训任务要求	10			
2	能熟练使用操作系统，操作设置准确	10			
3	能熟练进行账户创建操作	20			

续表

序号	评价要求	分值	学生自评（占比30%）	学生互评（占比30%）	教师评价（占比40%）
4	能熟练进行账户删除操作	10			
5	能熟练进行软件安装操作	20			
6	能熟练进行软件卸载操作	20			
7	能熟练进行效果展示及作品解说	10			
综合得分		100			

六、实训拓展

根据 Windows 10 操作系统提供的功能完成操作练习，操作提示及要求如下。

1. 启动 Windows 10 操作系统。

2. 创建账户，将其命名为“ywk”，密码设置为“369258”。

3. 删除账户，删除名称为“ywk”的账户。

4. 安装程序，在网络上下载打印机驱动程序，在本地计算机上安装打印机驱动程序。

5. 卸载程序，卸载打印机驱动程序。

七、知识巩固与提高

1. Windows 10 操作系统通过（　　）来识别不同的使用者，从而实现在同一台计算机上为不同的使用者保存各自的个性化设置和计算机访问权限等信息。

A. 程序　　B. 用户账户

C. 管理员　　D. 用户

2.（　　）可以对计算机进行最高级别的控制，具有最高权限。

A. 管理员账户　　B. 管理员

C. 用户账户　　D. 普通账户

3.（　　）账户主要提供给需要临时使用计算机的用户，不需要输入密码即可登录系统，该账户的权限比标准用户更低，无法对系统进行任何配置。

A. 管理员　　B. 用户

C. 来宾　　D. 普通

4.（　　）是指为了完成某项或某几项特定任务而被开发运行于操作系统之上的计算机程序。

A. 驱动程序　　B. 程序
C. 操作系统　　D. 应用程序

5.（　　）是一种可以使操作系统和硬件设备通信的特殊程序，相当于硬件的接口，操作系统只有通过这个接口才能控制硬件设备的工作。

A. 驱动程序　　B. 程序
C. 操作系统　　D. 应用程序

6. 常用硬件设备的管理在（　　）中的“硬件与声音”中进行。

A. 控制面板　　B. 文件夹
C. 资源管理器　　D. 任务栏

7. 对于多人共用的计算机，一般可将管理员以外的其他使用者设为（　　）账户，限制部分高级权限，以避免计算机中某些重要设置未经管理员许可而遭到变更。

A. 管理员　　B. 标准
C. 来宾　　D. 普通

项目三

Word 2021 的使用

实训任务 1

制作“洗水果的妙招”宣传页

一、实训任务

“生活小妙招”栏目组要制作一期名为“洗水果的妙招”的宣传页，介绍多种水果的清洗技巧，让人们放心吃水果。要求栏目组设计员在 45 min 内，根据栏目编辑提供的文字信息（见图 3–1–1），应用 Word 2021 软件进行文档的创建、文字信息的录入与编辑、特殊符号的应用等操作，“洗水果的妙招”宣传页最终效果如图 3–1–2 所示。

洗水果的技巧
水果含有的维生素比较多，口感比较好，大家总会有一两种喜欢吃的水果，有不少水果是可以连皮一起吃的，但是不同水果表皮残留的有害物质不同，有些甚至有寄生虫，如何正确地清洗水果，成为健康吃水果的第一步。下面小编向大家介绍如何清洗水果。
用苏打水洗梨
最主要的就是清除外表皮上存留的农药，一般大部分的农药都是酸性，因此用弱碱水清洗除了能中和酸性之外，还能加速去除附着在蔬果上的农药，可以把梨放在苏打水中浸泡20 min左右，再用清水洗净即可。
用盐洗苹果
苹果过水浸湿后，在表皮放一点盐，然后双手握着苹果来回轻轻地搓，这样表面的脏东西很快就能搓干净，然后再用水冲干净，就可以放心吃了。
用面粉或淀粉洗葡萄
把葡萄放在水里面，然后放入两勺面粉或淀粉，面粉或淀粉都是有黏性的，它会把葡萄表面那些乱七八糟的东西都给带下来。
用淘米水及淡盐水洗草莓
首先用流动自来水连续冲洗几分钟，把草莓表面的病菌、农药及其他污染物除去大部分。把草莓浸在淘米水及淡盐水中3 min，碱性的淘米水有分解农药的作用，淡盐水可以使附着在草莓表面的昆虫及虫卵浮起，便于被水冲掉，且有一定的消毒作用。

图 3–1–1 “洗水果的妙招”宣传页文字信息

洗水果的妙招

水果含有的维生素比较多，口感比较好，大家总会有一两种喜欢吃的水果，有不少水果是可以连皮一起吃的，但是不同水果表皮残留的有害物质不同，有些甚至有寄生虫，如何正确地清洗水果，成为健康吃水果的第一步。下面小编向大家介绍如何清洗水果。

※用苏打水洗梨

最主要的就是清除外表皮上存留的农药，一般大部分的农药都是酸性，因此用弱碱水清洗除了能中和酸性之外，还能加速去除附着在蔬果上的农药，可以把梨放在苏打水中浸泡20 min左右，再用清水洗净即可。

※用盐洗苹果

苹果过水浸湿后，在表皮放一点盐，然后双手握着苹果来回轻轻地搓，这样表面的脏东西很快就能搓干净，然后再用水冲干净，就可以放心吃了。

※用面粉或淀粉洗葡萄

把葡萄放在水里面，然后放入两勺面粉或淀粉，面粉或淀粉都是有黏性的，它会把葡萄表面那些乱七八糟的东西都给带下来。

※用淘米水及淡盐水洗草莓

首先用流动自来水连续冲洗几分钟，把草莓表面的病菌、农药及其他污染物除去大部分。把草莓浸在淘米水及淡盐水中3 min，碱性的淘米水有分解农药的作用，淡盐水可以使附着在草莓表面的昆虫及虫卵浮起，便于被水冲掉，且有一定的消毒作用。

2022 年 7 月 29 日

图 3-1-2 “洗水果的妙招”宣传页最终效果

二、任务分析

要完成本实训任务，应按照图 3-1-3 所示的思维导图复习教材中所学的知识点和技能点。

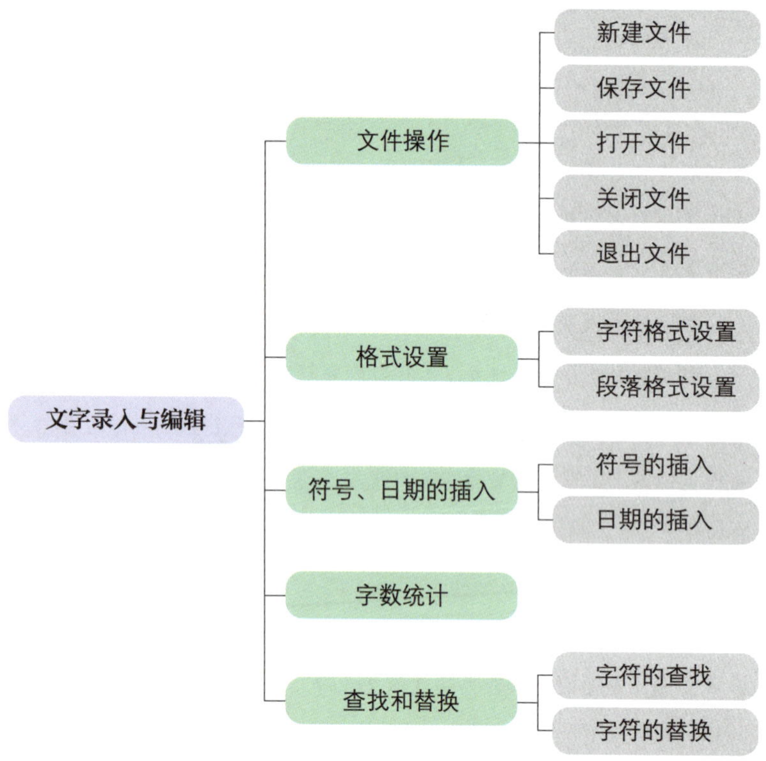

图 3-1-3 思维导图

本实训任务是根据栏目编辑提供的文字信息，使用 Word 2021 软件在文档中录入文字信息，并对录入文字的字体、字号、字形、颜色、对齐方式等进行美化操作，插入特殊符号，完成宣传页的制作，最后保存文件。

三、计划制订

根据任务分析，学生自己制订完成本实训任务的实训计划，填写在表 3-1-1 中。

表 3-1-1 实训计划

序号	工作内容	所需时间

四、操作步骤提示

本实训任务的操作步骤提示见表 3-1-2。

表 3-1-2 操作步骤提示

序号	操作步骤	内容
1	录入文字	打开 Word 2021 软件，在文档编辑区中录入图 3-1-1 所示的文字
2	设置标题字符、段落格式	选择标题文字，设置字体为“隶书”，字号为“二号”，颜色为“蓝色”，对齐方式为“居中”，字形为“加粗”，并添加双下画线
3	设置正文字符、段落格式	选择正文文字，设置字体为“仿宋”，字号为“四号”，颜色为“紫色”，首行缩进为“2 字符” 选择文字“用苏打水洗梨”“用盐洗苹果”“用面粉或淀粉洗葡萄”“用淘米水及淡盐水洗草莓”，设置字形为“加粗”
4	插入符号	在文字“用苏打水洗梨”前面插入符号“※”，再将符号“※”分别复制到“用盐洗苹果”“用面粉或淀粉洗葡萄”“用淘米水及淡盐水洗草莓”文字前面
5	添加日期	在文档的末尾添加当天的日期，设置对齐方式为“右对齐”
6	统计文档字数	使用 Word 2021 软件的字数统计功能统计本篇文档的总字数
7	替换文字	将文档中的文字“技巧”替换为“妙招”
8	保存文件	保存文件到 D 盘，将其命名为“洗水果的妙招”

五、总结与评价

实训完成后，学生展示作品，解说完成实训过程中的心得体会。展示完毕，可以从工具使用、软件操作、作品效果、成果展示等方面对该实训任务进行评价，采用学生自评、学生互评、教师评价相结合的多元评价方式，见表 3-1-3。

表 3-1-3 实训评价

序号	评价要求	分值	学生自评（占比 30%）	学生互评（占比 30%）	教师评价（占比 40%）
1	能准确分析实训任务要求	10			
2	能熟练运用软件，操作设置准确	10			
3	能熟练准确地进行文字信息录入	20			
4	能熟练设置字符格式、段落格式	10			
5	能熟练进行符号的插入、复制操作	10			
6	能熟练进行日期添加、字数统计	10			

续表

序号	评价要求	分值	学生自评（占比 30%）	学生互评（占比 30%）	教师评价（占比 40%）
7	能熟练进行字符的查找与替换	10			
8	能熟练进行文件的保存操作	10			
9	能熟练进行效果展示及作品解说	10			
综合得分		100			

六、实训拓展

根据图 3-1-4 所示给定的文字信息，利用 Word 2021 软件完成文字信息的录入、字符格式及段落格式的设置、符号及日期的插入。

食品安全常识
1.购买食物时，注意食品包装有无生产厂家、生产日期，是否过保质期，食品原料、营养成分是否标明，有无QS标识，不能购买三无产品。
2.打开食品包装，检查食品是否具有应有的感官性状。不能食用腐败变质、霉变、生虫、混有异物的食品，若蛋白质类食品发黏、有异味，碳水化合物有发酵的气味或饮料有异常沉淀物等均不能食用。
3.不到无证摊贩处购买盒饭或食物，减少食物中毒的隐患。
4.注意个人卫生，饭前便后洗手，餐具及时洗净消毒，不用不洁容器盛装食品，不乱扔垃圾防止蚊蝇滋生。
5.少吃油炸、油煎食品。
什么是食品掺假、掺杂和伪造?
“掺假”是指食品中添加了廉价或没有营养价值的物品，或从食品中抽去了有营养的物质或替换进次等物质，从而降低了质量，如蜂蜜中加入转化糖，巧克力饼干加入了色素，全脂奶粉中抽掉脂肪等。
“掺杂”即在食品中加入一些杂物，如在腐竹中加入硅酸钠或硼砂，在辣椒粉中加入红砖木等。
“伪造”是指包装标识或产品说明与内容物不符。
掺假、掺杂、伪造的食品，一般应由工商行政管理部门依法进行处理。对影响营养卫生的，应由卫生行政管理部门依法进行处理。

图 3-1-4 “食品安全”宣传单文字信息

操作提示及要求如下。

1. 在文档中录入图 3-1-4 所示的文字信息。

2. 添加文档标题“关注食品安全　关爱健康人生”；设置标题文字，字体为“黑体”，字号为“小二”，颜色为“绿色”，字形为“加粗”，对齐方式为“居中”。

3. 设置副标题文字，字体为“仿宋”，字号为“小三”，颜色为“橙色”，字形为“加粗”“倾斜”，对齐方式为“居中”。

4. 设置正文文字，字体为“仿宋”，字号为“四号”，首行缩进为“2 字符”。

5. 将文档中的序号删除，更换为符号“★”，设置其颜色为“橙色”。

6. 添加日期，在文档的末尾添加当天的日期，设置其对齐方式为“右对齐”。

7. 将文字“掺假”“掺杂”“伪造”的字形设置为“加粗”，文本突出颜色显示设置为“黄色”。

8. 利用 Word 2021 软件的字数统计功能统计出本篇文档的总字数。

9. 保存文件，将文件命名为“食品安全宣传单”。

食品安全宣传单最终效果如图 3-1-5 所示。

关注食品安全　关爱健康人生

食品安全常识

★购买食物时，注意食品包装有无生产厂家、生产日期，是否过保质期，食品原料、营养成分是否标明，有无 QS 标识，不能购买三无产品。

★打开食品包装，检查食品是否具有应有的感官性状。不能食用腐败变质、霉变、生虫、混有异物的食品，若蛋白质类食品发黏、有异味，碳水化合物有发酵的气味或饮料有异常沉淀物等均不能食用。

★不到无证摊贩处购买盒饭或食物，减少食物中毒的隐患。

★注意个人卫生，饭前便后洗手，餐具及时洗净消毒，不用不洁容器盛装食品，不乱扔垃圾防止蚊蝇滋生。

★少吃油炸、油煎食品。

什么是食品掺假、掺杂和伪造?

掺假：是指食品中添加了廉价或没有营养价值的物品，或从食品中抽去了有营养的物质或替换进了次等物质，从而降低了质量，如蜂蜜中加入转化糖，巧克力饼干加入了色素，全脂奶粉中抽掉脂肪等。

掺杂：即在食品中加入一些杂物，如在腐竹中加入硅酸钠或硼砂，在辣椒粉中加入了红砖木等。

伪造：是指包装标识或产品说明与内容物不符。

掺假、掺杂、伪造的食品，一般应由工商行政管理部门依法进行处理。对影响营养卫生的，应由卫生行政管理部门依法进行处理。

2022 年 7 月 29 日

图 3-1-5 “食品安全”宣传单最终效果

七、知识巩固与提高

1. 启动 Word 2021 软件后，打开文档窗口，其操作界面由标题栏、快速访问工具栏、选项卡、（　　）、文档编辑区、状态栏和滚动条等部分组成。

A. 功能区　　B. 属性栏

C. 工作区　　D. 工具栏

2. 在“视图”选项卡中勾选（　　）复选框后，可在文档编辑区上方和左侧显示水平标尺和垂直标尺，帮助用户进行定位。

A. 导航窗格　　B. 网络线

C. 标尺　　D. 参考线

3. 在录入文字信息时，当一段文字录入结束后，可按（　　）键换行，再录入下一段文字信息。

A. Shift　　B. Ctrl

C. Alt　　D. Enter

4. 在 Word 2021 软件中选择文字时，在所要选择文字中连续单击鼠标三次，软件将选中（　　）。

A. 一个词　　B. 所有文字

C. 一个字　　D. 整段文字

5. 在 Word 2021 软件中，使用（　　）功能可以快速、批量更正错误的字词或短语。

A. 编辑　　B. 查找

C. 替换　　D. 搜索

6. 将 Word 2021 软件的文档窗口最小化后，则（　　）。

A. 当前的文档被关闭　　B. 关闭了文档及其窗口

C. 文档窗口及文档都没有关闭　　D. 文档被压缩

7. 在 Word 2021 软件中，可以在（　　）选项卡中找到“字数统计”功能。

A. 开始　　B. 审阅

C. 视图　　D. 插入

8. 在 Word 2021 软件中，可以在（　　）选项卡中找到“查找”功能。

A. 开始　　B. 审阅

C. 视图　　D. 插入

实训任务 2
制作“生活小窍门”宣传页

一、实训任务

生活中常会遇到各种各样的难题，一些简单又实用的小窍门能轻松解决生活中的烦恼，给人们带来便利。本期的宣传页“生活小妙招”栏目组要介绍一些生活小窍门，要求设计人员能在 45 min 内，根据栏目编辑提供的文字信息（见图 3-2-1），应用 Word 2021 软件进行文档的创建、文字的录入与编辑、项目符号与边框底纹的设置等操作，“生活小窍门”宣传页最终效果如图 3-2-2 所示。

使宽大毛衣缩小的小技巧
毛衣穿久了会变得宽松肥大，为使其恢复原状，可用热水把毛衣烫一下，水温最好在70~80 ℃之间，水过热，毛衣会缩得过小，如毛衣的袖口或下摆失去了伸缩性，可将该部位浸泡在40~50 ℃的热水中，1~2 h捞出晾干，其伸缩性便可复原。
可乐的其他妙用
可以用来清洁烧糊的锅。把可乐倒进去然后煮沸，就可以把锅底烧糊的物质去除;染发之后发现颜色有点重，用可乐洗头就可以让颜色变浅一些；将可乐倒入水壶里放上一天，能够清除水壶里面的残垢，让内部变得清洁。
新锅煮东西不粘锅的小技巧
把新锅刷干净，上火烧热，加食用油少许，转动锅使之均匀受热，随着锅的转动，锅内的油也在锅内流动，继续加火，让周围的油起青烟，锅内加半碗水烧开，用力刷锅，待水蒸发一半的时候，停火，把水倒掉，重新换水，将锅刷干净，以后再用就不会粘锅了。
夏天眼镜防滑的小技巧
夏天出汗多，眼镜很容易下滑，可取用两根橡皮筋，分别缠绕在眼镜腿的弯曲处，然后戴上试一下，橡皮筋缠绕的位置以镜架与耳际结合处稍往后为宜，橡皮筋的功用在于增加接触部的摩擦力，这样眼镜就不会下滑了。

图 3-2-1　“生活小窍门”宣传页文字信息

生活小窍门

使宽大毛衣缩小的小技巧

毛衣穿久了会变得宽松肥大，为使其恢复原状，可用热水把毛衣烫一下，水温最好在 70～80 ℃之间，水过热，毛衣会缩得过小，如毛衣的袖口或下摆失去了伸缩性，可将该部位浸泡在 40～50 ℃的热水中，1～2 h捞出晾干，其伸缩性便可复原。

可乐的其他妙用

可以用来清洁烧糊的锅。把可乐倒进去然后煮沸，就可以把锅底烧糊的物质去除；染发之后发现颜色有点重，用可乐洗头就可以让颜色变浅一些；将可乐倒入水壶里放上一天，能够清除水壶里面的残垢，让内部变得清洁。

新锅煮东西不粘锅的小技巧

把新锅刷干净，上火烧热，加食用油少许，转动锅使之均匀受热，随着锅的转动，锅内的油也在锅内流动，继续加火，让周围的油起青烟，锅内加半碗水烧开，用力刷锅，待水蒸发一半的时候，停火，把水倒掉，重新换水，将锅刷干净，以后再用就不会粘锅了。

夏天眼镜防滑的小技巧

夏天出汗多，眼镜很容易下滑，可取用两根橡皮筋，分别缠绕在眼镜腿的弯曲处，然后戴上试一下，橡皮筋缠绕的位置以镜架与耳际结合处稍往后为宜，橡皮筋的功用在于增加接触部的摩擦力，这样眼镜就不会下滑了。

图 3-2-2 “生活小窍门”宣传页最终效果

二、任务分析

要完成本实训任务，应按照图 3-2-3 所示的思维导图复习教材中所学的知识点和技能点。

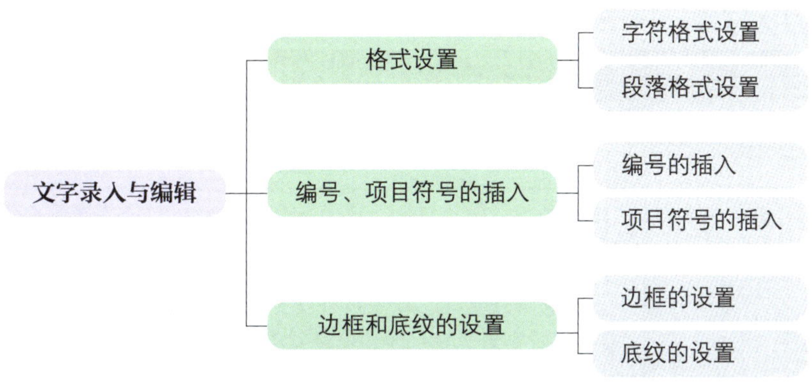

图 3-2-3　思维导图

本实训任务是根据某栏目组编辑提供的文字信息，使用 Word 2021 软件在文档中录入文字信息，并对录入文字的字体、字号、字形、颜色、对齐方式等进行美化操作，完成项目符号的插入与边框底纹的设置，最后保存文件。

三、计划制订

根据任务分析，学生自己制订完成本实训任务的实训计划，填写在表 3-2-1 中。

表 3-2-1　实训计划

序号	工作内容	所需时间

四、操作步骤提示

本实训任务的操作步骤提示见表 3-2-2。

表 3-2-2　操作步骤提示

序号	操作步骤	内容
1	录入文字	打开 Word 2021 软件，在文档编辑区中录入图 3-2-1 所示的文字
2	设置标题字符、段落格式	为文档添加标题“生活小窍门” 选择标题文字，设置字体为“方正姚体”，字号为“二号”，颜色为“红色”，对齐方式为“居中”，字形为“加粗”，添加双下画线

续表

序号	操作步骤	内容
3	设置正文字符、段落格式	选择正文文字，设置字体为“仿宋”，字号为“四号”，颜色为“蓝色”，首行缩进为“2 字符”，段落行距为“1.5 倍行距”
4	插入项目符号与编号	选择每段文字的标题，设置字形为“加粗”，并在文字前面插入项目符号“ ”
5	设置边框和底纹	选择第一段文字，设置边框样式为 ，边框颜色为“深蓝色”，线宽为“0.75” 选择第二段文字，设置边框样式为 ，边框颜色为“深蓝色”，线宽为“0.75”，底纹颜色为“橙色 – 淡色 80%” 添加文档页面边框样式，设置边框艺术型为 ，线框为“10 磅”，并应用于整篇文档
6	保存文件	保存文件到 D 盘，将其命名为“生活小窍门”

五、总结与评价

实训完成后，学生展示作品，解说完成实训过程中的心得体会。展示完毕，可以从工具使用、软件操作、作品效果、成果展示等方面对该实训任务进行评价，采用学生自评、学生互评、教师评价相结合的多元评价方式，见表 3–2–3。

表 3–2–3　实训评价

序号	评价要求	分值	学生自评（占比 30%）	学生互评（占比 30%）	教师评价（占比 40%）
1	能准确分析实训任务要求	10			
2	能熟练运用软件，操作设置准确	10			
3	能熟练设置字符格式、段落格式	10			
4	能熟练进行项目符号与编号的插入操作	20			
5	能熟练设置边框和底纹	20			
6	能熟练设置页面边框	10			
7	能熟练进行文件的保存操作	10			
8	能熟练进行效果展示及作品解说	10			
综合得分		100			

六、实训拓展

根据图 3-2-4 所示给定的文字信息，利用 Word 2021 软件完成文字的录入与编辑、项目符号与编号的插入、边框和底纹的设置。

保持健康的方法

健康科普文章

随着时代的不断发展和进步，人们对健康的需求越来越高。因此，在日常生活和工作中，我们都需要关注和关心自己的健康，那么如何保持健康呢?

1.饮食健康

饮食健康是保持健康的重要组成部分。我们应该选择新鲜、天然、营养丰富的食物。这些食物可以帮助我们满足身体所需的各种营养素，同时减少摄入过多的污染物。我们应该多吃蔬菜、水果、全谷类和健康脂肪。同时，我们也要注意控制食物的摄入量，避免过度肥胖或营养不良。

2.锻炼身体

锻炼身体是保持健康的重要方式。运动可以帮助我们消耗多余的能量，增强身体的免疫力，减少患病的风险。我们应该根据自己的健康状况和身体条件选择适合自己的运动方式和强度。平时也要定期进行适量的身体活动，如散步、慢跑、游泳等。

3.保持社交活动

社交活动提供了与他人建立和维护人际关系的机会。通过参加社交活动，可以结识新朋友，扩大社交圈子，并深化与现有朋友、家人和同事的关系。参与社交活动可以帮助建立自信心和自尊心。通过积极参与、分享和互动，可以更好地认识自己，并在与他人的互动中发现自己的价值和能力。

图 3-2-4 “保持健康的方法”宣传页文字信息

操作要求如下。

1. 在文档中录入图 3-2-4 所示的文字信息。

2. 设置标题文字，字体设置为“华文琥珀”，字号设置为“二号”，颜色设置为“蓝色”，对齐方式设置为“居中”。

3. 设置副标题文字，字体设置为“楷体”，字号设置为“四号”，对齐方式设置为“右对齐”。

4. 设置正文文字，字体设置为“楷体”，字号设置为“四号”，颜色设置为“黑色”，首行缩进设置为“2 字符”；选择每个自然段的标题，设置字体为“隶书”，字号设置为“三号”，颜色设置为“红色”，首行缩进设置为“无”。

5. 将正文中数字序号更换为☑。

6. 设置边框和底纹，选择文字“饮食健康是……营养不良。”，边框样式设置为 ═══，颜色设置为“蓝色”，底纹样式设置为“浅色下斜线”，颜色设置为

“蓝色”。

7. 设置边框，选择文字“锻炼身体是……慢跑、游泳等。”，边框样式设置为，颜色设置为“蓝色”。

8. 选中最后一个自然段中文字“关系”，将其字号设置为“小三”，字形设置为“加粗、倾斜”，文本突出颜色显示设置为“灰色 –25%”。

9. 保存文件，将其命名为“保持健康的方法”。

“保持健康的方法”宣传页最终效果如图 3–2–5 所示。

保持健康的方法

健康科普报道（日期：2022–11–08 10：52）

随着时代的不断发展和进步，人们对健康的需求越来越高。在日常生活和工作中，我们都需要关注和关心自己的健康，那么如何保持健康呢?

☑饮食健康

饮食健康是保持健康的重要组成部分。我们应该选择新鲜、天然、营养丰富的食物。这些食物可以帮助我们满足身体所需的各种营养素，同时减少摄入过多的污染物。我们应该多吃蔬菜、水果、全谷类和健康脂肪。同时，我们也要注意控制食物的摄入量，避免过度肥胖或营养不良。

☑锻炼身体

锻炼身体是保持健康的重要方式。运动可以帮助我们消耗多余的能量，增强身体的免疫力，减少患病的风险。我们应该根据自己的健康状况和身体条件选择适合自己的运动方式和强度。平时也要定期进行适量的身体活动，如散步、慢跑、游泳等。

☑保持社交活动

社交活动提供了与他人建立和维护人际***关系***的机会。通过参加社交活动，可以结识新朋友，扩大社交圈子，并深化与现有朋友、家人和同事的***关系***。参与社交活动可以帮助建立自信心和自尊心。通过积极参与、分享和互动，可以更好地认识自己，并在与他人的互动中发现自己的价值和能力。

图 3–2–5 “保持健康的方法”宣传页最终效果

七、知识巩固与提高

1. 在 Word 2021 软件中，若要将某行文字居中，则应先（　　）。

A. 单击居中按钮　　B. 选中文字
C. 打开段落对话框　　D. 选择格式菜单

2. 在 Word 2021 软件中，提供了（　　）种对齐方式。

A. 3　　B. 4
C. 5　　D. 6

3. 在 Word 2021 软件中，进行段落格式设置最全面的工具是（　　）。

A. 制表位对话框　　B. 段落对话框
C. 水平标尺　　D. 正文排列对话框

4. 下列选项中，（　　）不是在“开始”选项卡下“段落”组中的对齐按钮。

A. 左对齐　　B. 居中
C. 左调整对齐　　D. 右对齐

5. 在 Word 2021 软件中，当文档处于编辑状态时，进行英文输入状态与中文输入状态切换的快捷键是（　　）。

A. Ctrl+ 空格键　　B. Alt+Ctrl
C. Shift+Ctrl　　D. Alt+ 空格键

6. 在 Word 2021 软件中，若要取消文档中某行文字的加粗格式，应（　　）。

A. 先选择该行，再单击“开始”选项卡下“字体”组中的加粗按钮
B. 直接单击“开始”选项卡下“字体”组中的加粗按钮
C. 使用以上两种方法中的任一种
D. 使用字体中的“黑体”格式

7. 在 Word 2021 软件中，“项目符号”功能可在（　　）选项卡中找到。

A. 开始　　B. 审阅
C. 视图　　D. 插入

实训任务 3
制作“数学之美”科学小报版块

一、实训任务

某学校“科学小报”的版面制作员从学校宣传部接受一项任务，更换本期科普小知识版块的内容为“数学之美——走进数学的世界”，如图 3-3-1 所示。要求制作员能在 45 min 内，应用 Word 2021 软件进行文字的录入与编辑、文档的美化、公式的插入等操作，最终效果如图 3-3-2 所示。

> 数学之美
> ——走进数学的世界
> 谈及数学，大部分人联想到的往往是从 0 到 9 的阿拉伯数字，是冰冷而枯燥的运算公式，是严密而繁复的逻辑推导。数学仿佛天然地与美感、与趣味隔绝了，然而在数学家看来事实却并非如此。正是有了强大的数学，才能让我们看到许多简明优美的科学表达。
> 有多少人，在对数学一无所知时，通过“1+1=2”这个简单的方程式敲开了数学的大门。数学公式是人们在研究自然界物与物之间时发现的一些联系，并通过一定的方式表达出来的一种表达方法，是自然界不同事物之数量之间的或等或不等的联系，它确切的反映了事物内部和外部的关系，是我们从一种事物到达另一种事物的依据，使我们更好的理解事物的本质和内涵。下面让我们怀着对自然之美的赞赏之情来欣赏几个数学公式吧！
> 一元二次方程公式：$x=\frac{-b\pm\sqrt{b^2-4ac}}{2a}$
> 乘法与因式分解：
> $(a+b)(a-b)=a^2-b^2$
> $(a\pm b)^2=a^2\pm 2ab+b^2$
> $(a+b)(a^2-ab+b^2)=a^3+b^3$
> $(a-b)(a^2+ab+b^2)=a^3-b^3$
> 幂的运算性质：
> $a^m\times a^n=a^{m+n}$
> $a^m\div a^n=a^{m-n}$
> $(a^m)^n=a^{mn}$
> $(ab)^n=a^nb^n$
> $\left(\frac{a}{b}\right)^n=\frac{a^n}{b^n}$
> $a^{-n}=\frac{1}{a^n}$，$\left(\frac{b}{a}\right)^{-n}=\left(\frac{a}{b}\right)^n$
> $a^0=1(a\neq 0)$

图 3-3-1 “数学之美——走进数学的世界”文字信息

数学之美

——走进数学的世界

谈及数学，大部分人联想到的往往是从 0 到 9 的阿拉伯数字，是冰冷而枯燥的运算公式，是严密而繁复的逻辑推导。数学仿佛天然地与美感、与趣味隔绝了，然而在数学家看来事实却并非如此。正是有了强大的数学，才能让我们看到许多简明优美的科学表达。

有多少人，在对数学一无所知时，通过“1+1=2”这个简单的方程式敲开了数学的大门。数学公式是人们在研究自然界物与物之间时发现的一些联系，并通过一定的方式表达出来的一种表达方法，是自然界不同事物之数量之间的或等或不等的联系，它确切的反映了事物内部和外部的关系，是我们从一种事物到达另一种事物的依据，使我们更好的理解事物的本质和内涵。下面让我们怀着对自然之美的赞赏之情来欣赏几个数学公式吧！

一元二次方程公式：

$$x=\frac{-b\pm\sqrt{b^2-4ac}}{2a}$$

乘法与因式分解：

$$(a+b)(a-b)=a^2-b^2$$

$$(a\pm b)^2=a^2\pm 2ab+b^2$$

$$(a+b)(a^2-ab+b^2)=a^3+b^3$$

$$(a-b)(a^2+ab+b^2)=a^3-b^3$$

幂的运算性质：

$$a^m\times a^n=a^{m+n}$$
$$a^m\div a^n=a^{m-n}$$

$$\left(a^m\right)^n=a^{mn}$$
$$\left(ab\right)^n=a^nb^n$$
$$\left(\frac{a}{b}\right)^n=\frac{a^n}{b^n}$$

$$a^{-n}=\frac{1}{a^n}，\left(\frac{b}{a}\right)^{-n}=\left(\frac{a}{b}\right)^n$$

$$a^0=1\ (a\neq 0)$$

图 3-3-2　最终效果

二、任务分析

要完成本实训任务，应按照图 3–3–3 所示的思维导图复习教材中所学的知识点和技能点。

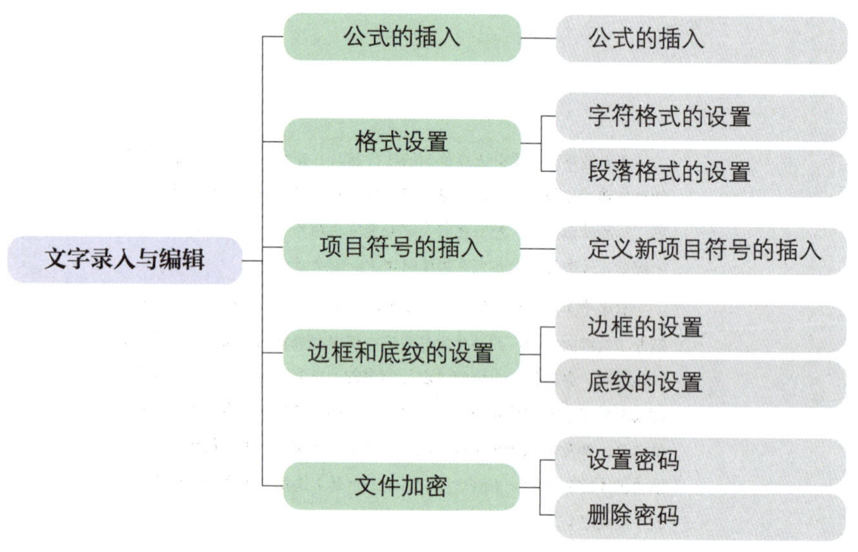

图 3–3–3　思维导图

本实训任务是根据某学校宣传部提供的科普小知识版块的文字信息，使用 Word 2021 软件，在文档中录入文字、插入公式，并对录入信息的字体、字号、字形、颜色、对齐方式、边框、底纹等进行美化操作，完成科普小知识版块的设计与制作，最后将文件设置密码并保存。

三、计划制订

根据任务分析，学生自己制订完成本实训任务的实训计划，并填写在表 3–3–1 中。

表 3–3–1　实训计划

序号	工作内容	所需时间

四、操作步骤提示

本实训任务的操作步骤提示见表 3–3–2。

表 3–3–2　操作步骤提示

序号	操作步骤	内容
1	录入文字	打开 Word 2021 软件，在文档编辑区中录入图 3–3–1 所示的文字
2	插入公式	在公式编辑器中录入图 3–3–1 所示的公式，将其字体设置为“楷体”，字号设置为“三号”，颜色设置为“橙色”，字形设置为“加粗”，对齐方式设置为“居中对齐”
3	设置标题字符、段落格式	选择主标题文字，将其字体设置为“华文隶书”，字号设置为“小初”，文字效果和版式设置为“填充：蓝色，主题色 5；边框：白色，背景色 1；清晰阴影：蓝色，主题色 5”，将轮廓色改为“无轮廓”，对齐方式设置为“左对齐” 选择副标题文字，将其字体设置为“华文隶书”，字号设置为“二号”，颜色设置为“蓝色”，对齐方式设置为“右对齐”
4	设置正文字符、段落格式	选择正文文字，将其字体设置为“楷体”，字号设置为“小四”，颜色设置为“黑色”，左缩进设置为“4 字符”，首行缩进设置为“2 字符”，段落行距设置为“1.5 倍行距” 选择文字“一元二次方程公式”“乘法与因式分解”“幂的运算性质”，将其字号设置为“三号”，字形设置为“加粗”，对齐方式设置为“左对齐”
5	插入项目符号	在文字“一元二次方程公式”“乘法与因式分解”“幂的运算性质”前面，插入定义的新项目符号
6	设置边框和底纹	选择第一段文字，将其边框样式设置为 ，边框颜色设置为“橙色” 选择第二段文字，将其底纹样式设置为“浅色棚架”，颜色设置为“黄色” 添加页面边框及底纹，将其边框艺术型设置为 ，宽度设置为“15 磅”，填充纹理设置为“蓝色面巾纸”
7	文件加密	设置文件打开密码为“579412”
8	保存文件	保存文件到 D 盘，将其命名为“科学的魅力”

五、总结与评价

实训完成后，学生展示作品，解说完成实训过程中的心得体会。展示完毕，可以从工具使用、软件操作、作品效果、成果展示等方面对该实训任务进行评价，采用学生自评、学生互评、教师评价相结合的多元评价方式，见表 3–3–3。

表 3–3–3　实训评价

序号	评价要求	分值	学生自评（占比 30%）	学生互评（占比 30%）	教师评价（占比 40%）
1	能准确分析实训任务要求	10			
2	能熟练运用软件，操作设置准确	10			
3	能熟练进行公式的插入与编辑	20			
4	能熟练设置字符格式、段落格式	10			
5	能熟练进行项目符号的插入	10			
6	能熟练设置边框和底纹	20			
7	能熟练设置文件密码并保存文件	10			
8	能熟练进行效果展示及作品解说	10			
综合得分		100			

六、实训拓展

根据图 3–3–4 所示给定的文字信息，利用 Word 2021 软件完成文字的录入、公式的插入、文档的美化与加密，最终效果如图 3–3–5 所示。

××市关于加强文物保护的公告

保护好文物古迹，对于继承祖国优秀历史遗产，建设高度精神文明，促进四化建设，有着重要意义。广大市民应发挥的“1+1≥2”精神，全民共同努力保护文物，为了贯彻执行国家保护文物的政策、法令，切实加强我市文物古迹的保护管理，特公告如下。

一、在全市范围内，一切具有历史、科学、艺术价值的文物，都由国家保护，不得破坏、盗窃和擅自运往国外。对破坏、盗窃文物的犯罪活动，要坚决打击。

二、凡属国务院和各级政府公布保护的革命遗址、古石刻等，均应妥善管理。非经批准不得在文物保护范围内兴建工程、挖沟取土、打井开渠，凡不利于文物保护的使用单位，经国家、省、市研究认为必须迁出的，应限期迁出。

三、地下埋藏的一切文物，概归国家所有，任何单位和个人不得据为己有或私自买卖。在生产建设和施工中，如果发现文物，应立即报告文物主管部门处理。

对违反上述条款者，公安司法机关将视其情节和后果，分别按照《中华人民共和国××法》《中华人民共和国治安管理处××条例》等法律、法规，严肃惩处。

图 3–3–4　“文物保护公告”文字信息

操作提示及要求如下。

1. 在文档中录入图 3–3–4 所示的文字信息。

2. 设置标题文字，字体为“黑体”，字号为“小初”，颜色为“预设渐变 – 径向渐变-个性色 2”，对齐方式为“居中”，字形为“加粗”。

3. 设置正文文字，字体为“黑体”，字号为“四号”，颜色为“黑色”，首行缩进为“2 字符”，行间距为“28 磅”，字间距为“缩放 110%、加宽 1 磅”。

4. 设置边框，选择标题文字，设置边框样式为 ═══ ，颜色为“蓝色”。

5. 设置文档密码，为文档设置打开密码为“789”，保存后再将文档密码修改为“123”。

6. 保存文件，将其命名为“文物保护公告”。

“文物保护公告”最终效果如图 3-3-5 所示。

××市关于加强文物保护的公告

保护好文物古迹，对于继承祖国优秀历史遗产，建设高度精神文明，促进四化建设，有着重要意义。广大市民应发挥的“1+1≥2”精神，全民共同努力保护文物，为了贯彻执行国家保护文物的政策、法令，切实加强我市文物古迹的保护管理，特公告如下。

一、在全市范围内，一切具有历史、科学、艺术价值的文物，都由国家保护，不得破坏、盗窃和擅自运往国外。对破坏、盗窃文物的犯罪活动，要坚决打击。

二、凡属国务院和各级政府公布保护的革命遗址、古石刻等，均应妥善管理。非经批准不得在文物保护范围内兴建工程、挖沟取土、打井开渠，凡不利于文物保护的使用单位，经国家、省、市研究认为必须迁出的，应限期迁出。

三、地下埋藏的一切文物，概归国家所有，任何单位和个人不得据为己有或私自买卖。在生产建设和施工中，如果发现文物，应立即报告文物主管部门处理。

对违反上述条款者，公安司法机关将视其情节和后果，分别按照《中华人民共和国××法》《中华人民共和国治安管理处××条例》等法律、法规，严肃惩处。

图 3-3-5 “文物保护公告”最终效果

七、知识巩固与提高

1. 为保护 Word 文件不被他人打开或修改，可以为文档设置密码。在（　　）选项卡中选择“信息”命令，使用鼠标左键单击右侧的“保护文档”按钮，在弹出的下拉菜单中选择“用密码进行加密”命令。

A. 开始　　B. 审阅

C. 插入　　D. 文件

2. 在 Word 2021 软件中选择字符时，按住（　　）键的同时可以选中多个不相邻的字符，再进行格式设置，可以提高工作效率。

A. Ctrl　　B. Shift

C. Enter　　D. Alt

3. 在 Word 2021 软件中，可以在（　　）对话框中完成上、下标的设置。

A. 制表位　　B. 段落

C. 字体　　D. 页面设置

4. 在 Word 2021 软件中，“公式”功能可以在（　　）选项卡中找到。

A. 开始　　B. 插入

C. 视图　　D. 引用

5. 在 Word 2021 软件中，打开一个文档后，想用新的文件名保存该文档应（　　）。

A. 选择“文件”选项卡下的“保存”命令或“另存为”命令

B. 单击“标题栏”中的“保存”按钮

C. 只能选择“文件”选项卡下的“保存”命令

D. 只能选择“文件”选项卡下的“另存为”命令

实训任务 4
制作“蝴蝶效应”科学小报版块

一、实训任务

某学校“科学小报”的版面制作人员从学校宣传部接受一项任务，更换本期科学小故事的内容为“蝴蝶效应”，如图 3-4-1 所示。要求制作人员能在 45 min 内，应用 Word 2021 软件进行文字信息的录入与编辑、合并字符的设置、带圈字符的设置、首字下沉及分栏的设置等操作，最终效果如图 3-4-2 所示。

蝴蝶效应
蝴蝶效应是气象学家洛伦兹在 1963 年提出来的，其大意为：一只南美洲亚马孙河流域热带雨林中的蝴蝶，偶尔煽动几下翅膀，可能在两周后引起美国德克萨斯州引起一场龙卷风。
蝴蝶效应是指在一个动力系统中，初始条件下微小的变化能导致整个系统的长期巨大的连锁反应。这是一种非线性的混沌现象。此效应说明，事物发展的结果，对初始条件具有极为敏感的依赖性，初始条件的极小偏差，将会引起结果的极大差异。给予的警示是：一个好的微小的机制，只要正确指引，经过一段时间的努力，将会产生轰动效应，或称为“革命”；而一个坏的微小的机制，如果不加以及时地引导、调节，将会给社会带来非常大的危害，或称为“风暴”。
有首民谣可以作为旁证：丢失一个钉子，坏了一只蹄铁；折了一匹战马；伤了一位骑士；输了一场战斗；亡了一个帝国。1997年7月2日，在金融大鳄的操纵下亚洲金融风暴席卷泰国，泰铢贬值。不久，这场风暴扫过了马来西亚、新加坡、日本和韩国等地，打破了亚洲经济高速发展的景象。亚洲一些国家的经济开始萧条，政局也开始混乱。原因就在于新、马、泰、日、韩等国都为外向型经济的国家，对世界市场的依附性很大。亚洲经济的动摇难免会出现牵一发而动全身的状况。以当时的泰国为例，泰铢在国际市场上是否要买卖不由泰国政府来主宰，而它本身又没有足够的外汇储备，面对金融家的炒作，该国经济自然不堪一击。而经济决定政治，于是，泰国政局也随之动荡。据说自由经济体系的金融危机发展到今天每十年一个轮回。美国“次贷危机”是从 2006 年春季开始逐步显现的。2007 年 8 月席卷美国、欧盟和日本等世界主要金融市场。这是一场发生在美国，因次级抵押贷款机构破产、投资基金被迫关闭、股市剧烈震荡引起的风暴，直接导致了全球主要金融市场出现流动性不足的危机，全球经济因此大幅衰退。

图 3-4-1 “蝴蝶效应”文字信息

科学小故事

蝴蝶效应是气象学家洛伦兹在1963年提出来的，其大意为：一只南美洲亚马孙河流域热带雨林中的蝴蝶，偶尔煽动几下翅膀，可能在两周后引起美国德克萨斯州引起一场龙卷风。

蝴蝶效应是指在一个动力系统中，初始条件下微小的变化能导致整个系统的长期巨大的连锁反应。这是一种非线性的混沌现象。此效应说明，事物发展的结果，对初始条件具有极为敏感的依赖性，初始条件的极小偏差，将会引起结果的极大差异。给予的警示是：一个好的微小的机制，只要正确指引，经过一段时间的努力，将会产生轰动效应，或称为“革命”；而一个坏的微小的机制，如果不加以及时地引导、调节，将会给社会带来非常大的危害，或称为“风暴”。

有首民谣可以作为旁证：丢失一个钉子，坏了一只蹄铁；折了一匹战马；伤了一位骑士；输了一场战斗；亡了一个帝国。1997年7月2日，在金融大鳄的操纵下亚洲金融风暴席卷泰国，泰铢贬值。不久，这场风暴扫过了马来西亚、新加坡、日本和韩国等地，打破了亚洲经济高速发展的景象。亚洲一些国家的经济开始萧条，政局也开始混乱。

原因就在于新、马、泰、日、韩等国都为外向型经济的国家，对世界市场的依附性很大。亚洲经济的动摇难免会出现牵一发而动全身的状况。以当时的泰国为例，泰铢在国际市场上是否要买卖不由泰国政府来主宰，而它本身又没有足够的外汇储备，面对金融家的炒作，该国经济自然不堪一击。而经济决定政治，于是，泰国政局也随之动荡。据说自由经济体系的金融危机发展到今天每十年一个轮回。美国“次贷危机”是从2006年春季开始逐步显现的。2007年8月席卷美国、欧盟和日本等世界主要金融市场。这是一场发生在美国，因次级抵押贷款机构破产、投资基金被迫关闭、股市剧烈震荡引起的风暴，直接导致了全球主要金融市场出现流动性不足的危机，全球经济因此大幅度衰退。

图 3-4-2 最终效果

二、任务分析

要完成本实训任务，应按照图 3-4-3 所示的思维导图复习教材中所学的知识点和技能点。

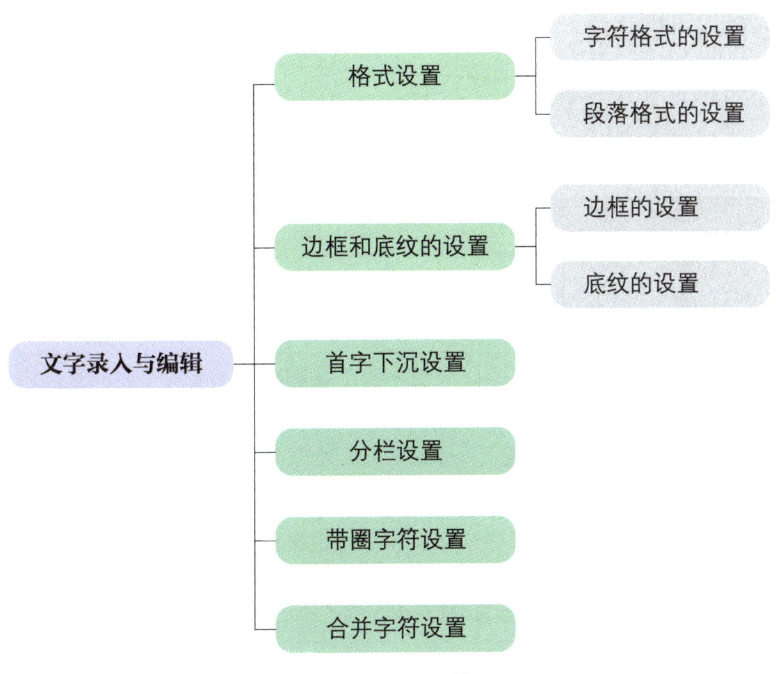

图 3-4-3　思维导图

本实训任务是根据某学校宣传部提供的科学小故事版块的文字信息，使用 Word 2021 软件，在文档中录入文字信息，并对文字信息的字体、字号、字形、颜色、对齐方式、中文版式、带圈字符、合并字符、首字下沉、分栏等进行美化操作，完成科学小故事版块的设计与制作，最后保存文件。

三、计划制订

根据任务分析，学生自己制订完成本实训任务的实训计划，并填写在表 3-4-1 中。

表 3-4-1　实训计划

序号	工作内容	所需时间

四、操作步骤提示

本实训任务的操作步骤提示见表 3–4–2。

表 3–4–2　操作步骤提示

序号	操作步骤	内容
1	录入文字	打开 Word 2021 软件，在文档编辑区中录入图 3–4–1 所示的文字
2	设置标题字符、段落格式	选择主标题文字，将其字体设置为“华文琥珀”，字号设置为“小初”，文字效果和版式设置为“第三行第一个”，颜色设置为“橙色”，对齐方式设置为“左对齐”，字形设置为“加粗”，字间距设置为“加宽 1 磅” 选择副标题文字，将其字体设置为“华文隶书”，字号设置为“一号”，文字效果和版式设置为“第三行第一个”，颜色设置为“橙色”，对齐方式设置为“右对齐”
3	设置正文字符、段落格式	选择正文文字，将其字体设置为“隶书”，字号设置为“小四”，颜色设置为“深蓝色 – 深红色线性渐变”，首行缩进设置为“2 字符”
4	设置首字下沉	选择第一段文字，下沉行数设置为“3”，字体设置为“楷体”
5	设置边框和底纹	选择第二段文字，将其边框样式设置为“双实线”，颜色设置为“红色”，宽度设置为“0.75 磅” 选择第三段文字，将其底样式设置为“浅色上斜线”，颜色设置为“橙色 – 淡色 60%”
6	设置分栏	选择第三段文字，将其分栏设置为“两栏偏左型、加分割线”
7	设置带圈字符	选择副标题中“蝴蝶”两个字，添加带圈字符，增大圈号，样式为“◇”
8	设置合并字符	选择第二段中文字“风暴”，设置合并字符，字号设置为“11 磅”
9	保存文件	保存文件到 D 盘，将其命名为“蝴蝶效应”

五、总结与评价

实训完成后，学生展示作品，解说完成实训过程中的心得体会。展示完毕，可以从工具使用、软件操作、作品效果、成果展示等方面对该实训任务进行评价，采用学生自评、学生互评、教师评价相结合的多元评价方式，见表 3–4–3。

表 3-4-3　实训评价

序号	评价要求	分值	学生自评（占比 30%）	学生互评（占比 30%）	教师评价（占比 40%）
1	能准确分析实训任务要求	10			
2	能熟练运用软件，操作设置准确	10			
3	能熟练设置字符格式、段落格式	10			
4	能熟练设置首字下沉	10			
5	能熟练设置边框和底纹	10			
6	能熟练设置分栏	10			
7	能熟练设置带圈符号	20			
8	能熟练进行文件的保存操作	10			
9	能熟练进行效果展示及作品解说	10			
综合得分		100			

六、实训拓展

根据图 3-4-4 所示给定的文字信息，利用 Word 2021 软件完成文字的录入与编辑、合并字符的设置、带圈文字的设置、首字下沉及分栏的设置，最终效果如图 3-4-5 所示。

你的知识更新了吗？

新的知识带来新的认识，能够提升一个人的素养，随着全球化的日益深化，文化、经济、政治、历史、科技等都在相互影响，世界变得更加紧密，也变得更加复杂。

在学校里学到的知识是远远不够的，“人生有限，学海无涯”，如果仅仅把头脑作为“储存知识的仓库”，满足于“学到什么”，而不注重“学会怎样学”，他就不能提高学习质量，更不能适应以后的工作。

联合国教科文组织曾经做过一项研究，结论是信息通信技术带来了人类知识更新速度的加快。18世纪的知识更新周期是80~90年，19世纪的知识更新周期是30~40年，20世纪70年代以前的知识更新周期是15~20年，20世纪70年代以后的知识更新周期是5~10年，90年代以后的知识更新周期是3~5年。而进入21世纪，许多学科的知识更新周期已缩短至2~3年。

学科交叉、知识融汇、技术集成的现实告诉我们，孤胆英雄的时代已经过去，个人的作用在下降，群体的作用在上升。国家的发展，需要每个个体的努力。面对众多的挑战与机遇，提高“竞争力”成为一个强有力的口号。进入21世纪我们发现，没有永远领先的头脑，没有一辈子使用不完的技能或知识。最新的思想将迅速变为陈旧，职业的变换要求你更新知识与技能。怎么办？唯一的选择就是学会学习！

图 3-4-4　“你的知识更新了吗”文字信息

操作提示及要求如下。

1. 在文档中录入图 3-4-4 所示的文字信息。

2. 设置标题文字，字体为“华文新魏”，字号为“一号”，字形为“加粗”，文字效果和版式为“第三行第四个”，对齐方式为“居中”。

3. 设置正文文字，字体为“仿宋”，字号为“四号”，颜色为“黑色”，首行缩进为“2 字符”，行间距为“27 磅”。

4. 设置拼音指南，选择第一段文字，添加拼音并设置拼音字体为“Arial”，字号为“7 磅”，偏移量为“3 磅”。

5. 设置首字下沉，选择第二段文字，设置下沉行数为“2”，字体为“隶书”。

6. 设置边框样式，选择第三段文字，设置边框样式为，颜色为“蓝色”。

7. 设置分栏，选择第四段文字，设置分栏为“三栏、加分割线”。

8. 设置合并字符，选择第五段文字中“学科交叉”“知识融汇”“技术集成”，设置为合并字符，字号为“12 磅”，颜色为“蓝色”；选择第五段文字，设置段前间距为“0.5 行”。

9. 设置带圈字符，选择第六段文字中“怎么办”，添加带圈字符，增大圈号，样式为○。

10. 添加着重号，选择第六段文字中“唯一的选择就是学会学习”，添加着重号。

11. 保存文件，将其命名为“你的知识更新了吗”。

最终效果如图 3-4-5 所示。

七、知识巩固与提高

1. 在 Word 2021 软件中，若想将一篇文档分成三栏进行排版，可在（　　）选项卡下单击“栏”按钮。

A. 布局　　B. 审阅

C. 插入　　D. 文件

2. 在 Word 2021 软件中，（　　）是指将文档中段落的第一个文字放大，并进行下沉或悬挂设置，以凸显段落或整篇文档的开始位置。

A. 合并字符　　B. 拼音指南

C. 首字下沉　　D. 页面设置

你的知识更新了吗？

xīn de zhī shi dài lái xīn de rèn shi　néng gòu tí shēng yí gè rén de sù yǎng
新的知识带来新的认识，能够提升一个人的素养。

随着全球化的日益深化，文化、经济、政治、历史、科技等都在相互影响，世界变得更加紧密，也变得更加复杂。

在学校里学到的知识是远远不够的，“人生有限，学海无涯”，如果仅仅把头脑作为“储存知识的仓库”，满足于“学到什么”，而不注重“学会怎样学”，他就不能提高学习质量，更不能适应以后的工作。

联合国教科文组织曾经做过一项研究，结论是信息通信技术带来了人类知识更新速度的加快。18世纪的知识更新周期是80～90年，19世纪的知识更新周期是30～40年，20世纪70年代以前的知识更新周期是15～20年，20世纪70年代以后的知识更新周期是5～10年，90年代以后的知识更新周期是3～5年。而进入21世纪，许多学科的知识更新周期已缩短至2～3年。

学科交叉、知识融汇、技术集成的现实告诉我们，孤胆英雄的时代已经过去，个人的作用在下降，群体的作用在上升。国家的发展，需要每个个体的努力。面对众多的挑战与机遇，提高“竞争力”成为一个强有力的口号。进入21世纪我们发现，没有永远领先的头脑，没有一辈子使用不完的技能或知识。最新的思想将迅速变为陈旧，职业的变换要求你更新知识与技能。

怎么办？唯一的选择就是学会学习！

图 3-4-5　最终效果

3. 在 Word 2021 软件中，用户可以借助（　　）功能为汉字添加汉语拼音。

A. 引用　　B. 翻译

C. 拼音指南　　D. 拼写检查

4. 在编辑文档时，想突出显示字符或用加圈字符（一般是数字）作为编号，可以使用（　　）功能来进行设置。

A. 带圈字符　　B. 合并字符

C. 首字下沉　　D. 引用

5. 合并字符用于将多个字符合并为一个字符显示，用于一些特殊的版式设计。在选择合并字符时，最多只能选择（　　）个字符。

A. 5　　B. 6

C. 7　　D. 8

6. 在 Word 2021 软件中，处于编辑状态下，对于选定的文字不能进行的设置是（　　）。

A. 加下画线　　B. 加拼音

C. 加着重号　　D. 加动态效果

实训任务 5
创建与编辑“员工信息登记表”

一、实训任务

某公司因生产规模扩大，近期招聘了很多新员工，但对员工的信息掌握不够全面，需要设计制作一份“员工信息登记表”，统计员工的基本信息，便于人员资料管理，如图 3-5-1 所示。要求公司文员能在 45 min 内，应用 Word 2021 软件进行表格的创建、数据信息的录入、字符格式的设置及文件的加密，“员工信息登记表”最终效果如图 3-5-2 所示。

员工信息登记表

姓名		性别		出生年月	年月	1 寸照片
曾用名		体重		身高	cm	
民族		籍贯		婚姻状况		
政治面貌		宗教信仰		血型		
身份证号码						
户口类型	1）本市城镇 2）非本市城镇（省内） 3）外省城镇 4）本市农村 5）非本市农村（省内） 6）外省农村					类型编号：
户口所在地	省（自治区）市区街道					
家庭地址						
家庭电话					手机	
个人专长/业余爱好					健康状况	
学习经历	学（院）校名称		级别专业		学历	就读起止时间
工作经历	工作单位		职务及岗位			工作起止时间
家庭情况	称谓	姓名	职位		工作单位名称	
承诺书 我保证以上内容的真实性，并愿意接受单位或其委托的合法机构对以上所有信息的必要调查确认。 签名：年月日						

图 3-5-1 “员工信息登记表”资料

员工信息登记表

<table>
<tr><td>姓名</td><td></td><td>性别</td><td></td><td>出生年月</td><td>年　月</td><td rowspan="4">1寸照片</td></tr>
<tr><td>曾用名</td><td></td><td>体重</td><td></td><td>身高</td><td>cm</td></tr>
<tr><td>民族</td><td></td><td>籍贯</td><td></td><td>婚姻状况</td><td></td></tr>
<tr><td>政治面貌</td><td></td><td>宗教信仰</td><td></td><td>血型</td><td></td></tr>
<tr><td>身份证号码</td><td colspan="6"></td></tr>
<tr><td>户口类型</td><td colspan="5">1）本市城镇 2）非本市城镇（省内）3）外省城镇
4）本市农村 5）非本市农村（省内）6）外省农村</td><td>类型编号：</td></tr>
<tr><td>户口所在地</td><td colspan="6">省（自治区）　　市　　区　　街道</td></tr>
<tr><td>家庭地址</td><td colspan="6"></td></tr>
<tr><td colspan="2">家庭电话</td><td colspan="3"></td><td>手机</td><td></td></tr>
<tr><td colspan="2">个人专长/业余爱好</td><td colspan="3"></td><td>健康状况</td><td></td></tr>
<tr><td rowspan="4">学习经历</td><td colspan="2">学（院）校名称</td><td colspan="2">级别专业</td><td>学历</td><td>就读起止时间</td></tr>
<tr><td colspan="2"></td><td colspan="2"></td><td></td><td></td></tr>
<tr><td colspan="2"></td><td colspan="2"></td><td></td><td></td></tr>
<tr><td colspan="2"></td><td colspan="2"></td><td></td><td></td></tr>
<tr><td rowspan="4">工作经历</td><td colspan="2">工作单位</td><td colspan="3">职务及岗位</td><td>工作起止时间</td></tr>
<tr><td colspan="2"></td><td colspan="3"></td><td></td></tr>
<tr><td colspan="2"></td><td colspan="3"></td><td></td></tr>
<tr><td colspan="2"></td><td colspan="3"></td><td></td></tr>
<tr><td rowspan="5">家庭情况</td><td>称谓</td><td>姓名</td><td colspan="2">职位</td><td colspan="2">工作单位名称</td></tr>
<tr><td></td><td></td><td colspan="2"></td><td colspan="2"></td></tr>
<tr><td></td><td></td><td colspan="2"></td><td colspan="2"></td></tr>
<tr><td></td><td></td><td colspan="2"></td><td colspan="2"></td></tr>
<tr><td></td><td></td><td colspan="2"></td><td colspan="2"></td></tr>
<tr><td colspan="7">承诺书
我保证以上内容的真实性，并愿意接受单位或其委托的合法机构对以上所有信息的必要调查确认。
签名：________　年　　月　　日</td></tr>
</table>

图 3-5-2 “员工信息登记表”最终效果

二、任务分析

要完成本实训任务，应按照图 3–5–3 所示的思维导图复习教材中所学的知识点和技能点。

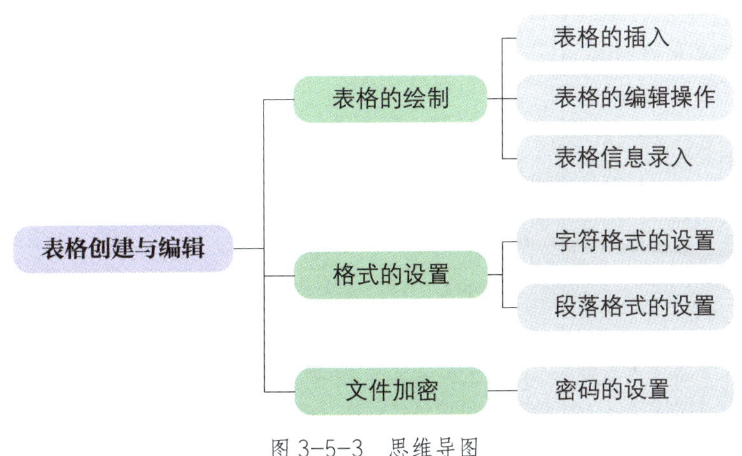

图 3–5–3　思维导图

本实训任务是根据某公司提供的员工信息登记资料，使用 Word 2021 软件，在文档中进行表格的创建与编辑及数据信息的录入，并对录入数据信息的字体、字号、字形、颜色、居中方式等进行美化操作，最后为员工信息表文件设置密码并保存。

三、计划制订

根据任务分析，学生自己制订完成本实训任务的实训计划，并填写在表 3–5–1 中。

表 3–5–1　实训计划

序号	工作内容	所需时间

四、操作步骤提示

本实训任务的操作步骤提示见表 3–5–2。

表 3-5-2　操作步骤提示

序号	操作步骤	内容
1	录入标题	打开 Word 2021 软件，在文档编辑区中输入文字“员工信息登记表”
2	设置标题字符、段落格式	选择标题文字，设置字体为“楷体”，字号为“二号”，颜色为“黑色”，对齐方式为“居中”，字形为“加粗”，并在标题上添加拼音
3	插入表格、编辑表格	插入 7 列 24 行的表格，参照图 3-5-1，适当调整表格行高及列宽，并根据表格内容进行单元格合并及拆分
4	录入数据信息	录入图 3-5-1 所示的表格信息
5	设置表格文字的字符、段落格式	选择整个表格，设置字体为“仿宋体”，字号为“五号”，颜色为“蓝色”，对齐方式为“居中” 选择表格最后一行文字，设置字体为“黑体”，字号为“四号”；选择文字“签名：年月日”，设置对齐方式为“右对齐”；选择“承诺书”正文文字，设置字符间距为“紧缩、0.5 磅”；在文字“签名：”后面添加下画线
6	文件加密	设置文件打开密码为“a12345”
7	保存文件	保存文件到 D 盘，将其命名为“员工信息登记表”

五、总结与评价

实训完成后，学生展示作品，解说完成实训过程中的心得体会。展示完毕，可以从工具使用、软件操作、作品效果、成果展示等方面对该实训任务进行评价，采用学生自评、学生互评、教师评价相结合的多元评价方式，见表 3-5-3。

表 3-5-3　实训评价

序号	评价要求	分值	学生自评（占比 30%）	学生互评（占比 30%）	教师评价（占比 40%）
1	能准确分析实训任务要求	10			
2	能熟练运用软件，操作设置准确	10			
3	能熟练运用多种方法创建表格	20			
4	能熟练进行表格的编辑操作	20			
5	能熟练设置字符及段落格式	20			
6	能熟练设置文件密码并保存文件	10			
7	能熟练进行效果展示及作品解说	10			
综合得分		100			

六、实训拓展

根据图 3–5–4 所示给定表格数据信息，利用 Word 2021 软件完成表格的创建与编辑、数据信息的录入与编辑、符号的插入和文档的加密。

新员工转正申请表

个人填写					
姓名		试用部门		申请部门	
入职时间		试用期职位		申请岗位	
试用期工作小结与转正理由					
公司要求	是否熟悉公司规章制度并服从管理 是否热爱本岗位工作，并以本公司利益为本 是否熟悉公司业务，并能独立完成该岗位的工作 是否有长期在此岗位工作的打算				
申请人签字		对岗位薪资有何要求			
部门经理填写					
意见与建议					
同意转正　不同意转正		转正后部门		转正后职位	
部门经理签字			日期		
人力资源部填写					
意见与建议					
转正薪资 转正后薪资： 以及其他福利补贴：　转正日期：　年月日					
同意转正　不同意转正		人力资源部签字		日期	
总经理签字					
意见与建议					
同意转正　不同意转正　转正时间：　年月日					
总经理签字			日期		

图 3–5–4 “新员工转正申请表”资料

操作提示及要求如下。

1. 录入标题文字“新员工转正申请表”。

2. 设置标题文字，字体为“宋体”，字号为“二号”，颜色为“黑色”，对齐方式为“居中”，字形为“加粗”，并在标题下添加下画线。

3. 插入一个 6 列 18 行的表格，根据表格的内容，对单元格进行合并。

4. 录入图 3–5–4 所示表格中的数据信息。

5. 设置表内文字，字体为“宋体”，字号为“五号”，颜色为“黑色”，对齐方式为

“居中”；选择文字“个人填写”“部门经理填写”“人力资源部填写”“总经理签字”，设置字体为“宋体”，字号为“小四”，字形为“加粗”。

6. 根据表格的内容需要（见图 3–5–5），插入符号□并添加下画线。

7. 保存文件，将其命名为“新员工转正申请表”。

“新员工转正申请表”最终效果如图 3–5–5 所示。

新员工转正申请表

<table>
<tr><td colspan="6">个人填写</td></tr>
<tr><td>姓名</td><td></td><td>试用部门</td><td></td><td>申请部门</td><td></td></tr>
<tr><td>入职时间</td><td></td><td>试用期职位</td><td></td><td>申请岗位</td><td></td></tr>
<tr><td>试用期工作小结与转正理由</td><td colspan="5"></td></tr>
<tr><td>公司要求</td><td colspan="5">□是否熟悉公司规章制度并服从管理
□是否热爱本岗位工作，并以本公司利益为本
□是否熟悉公司业务，并能独立完成该岗位的工作
□是否有长期在此岗位工作的打算</td></tr>
<tr><td>申请人签字</td><td></td><td colspan="2">对岗位薪资有何要求</td><td colspan="2"></td></tr>
<tr><td colspan="6">部门经理填写</td></tr>
<tr><td>意见与建议</td><td colspan="5"></td></tr>
<tr><td colspan="2">□同意转正 □不同意转正</td><td>转正后部门</td><td></td><td>转正后职位</td><td></td></tr>
<tr><td>部门经理签字</td><td colspan="2"></td><td>日期</td><td colspan="2"></td></tr>
<tr><td colspan="6">人力资源部填写</td></tr>
<tr><td>意见与建议</td><td colspan="5"></td></tr>
<tr><td colspan="6">转正薪资
转正后薪资：________
以及其他福利补贴：________转正日期：　年　月　日</td></tr>
<tr><td colspan="2">□同意转正 □不同意转正</td><td>人力资源部签字</td><td></td><td>日期</td><td></td></tr>
<tr><td colspan="6">总经理签字</td></tr>
<tr><td>意见与建议</td><td colspan="5"></td></tr>
<tr><td colspan="6">□同意转正 □不同意转正　转正时间：　年　月　日</td></tr>
<tr><td>总经理签字</td><td colspan="2"></td><td>日期</td><td colspan="2"></td></tr>
</table>

图 3–5–5 “新员工转正申请表”最终效果

七、知识巩固与提高

1. 表格由若干的行和列构成，行与列的交叉点形成（　　），在其中可以录入文本、数字，插入图片等。

A. 面　　　　B. 图形

C. 单元格　　　　D. 线

2. 在 Word 2021 软件中，选中一列表格后，单击鼠标右键，在弹出的快捷菜单中选择“删除单元格”命令，则（　　）。

A. 表格中的内容全部被删除，但表格还在

B. 选中的整列单元格和内容全部被删除

C. 整列单元格被删除，但单元格中的内容未被删除

D. 表格被删除，但表格内容还存在

3. 在 Word 2021 软件中，当选定整个表格时，按 Delete 键后（　　）。

A. 表格中的内容全部被删除，但表格还在

B. 表格和内容全部被删除

C. 表格被删除，但表格中的内容未被删除

D. 表格中插入点所在的行被删除

4. 下列选项中，（　　）可以在 Word 2021 软件中创建表格。

A. 使用“格式”选项

B. 使用“开始”选项下的“插入表格”命令

C. 使用“布局”选项下“表格”组中的“绘制表格”命令

D. 使用“插入”选项下“表格”组中的“插入表格”命令

5. 在 Word 2021 软件中，若光标位于表格外右侧的行尾处，按回车键，结果是（　　）。

A. 光标移到下一列

B. 光标移到下一行，表格行数不变

C. 插入一行，表格行数改变

D. 在本单元格内换行，表格行数不变

6. 在 Word 的编辑状态，绘制了一个 4 行 5 列的空表格，将插入点定位在第 3 行与第 4 列相交处的单元格内，当鼠标显示为 I 形状时，使用鼠标连续单击左键三次，则表格中被选择的部分是（　　）。

A. 第 3 列

B. 第 4 列

C. 第 3 行与第 4 列相交处的一个单元格

D. 整个表格

实训任务 6
创建与编辑“学生成绩表”

一、实训任务

期末考试结束后，班主任找到学习委员，要求其在 45 min 内制作一份本班学生的成绩表，并将其命名为“学生成绩表”进行保存。学习委员收集每位学生的成绩后，如图 3-6-1 所示，利用 Word 2021 软件进行表格的创建与编辑、数据信息的录入与编辑、表格的美化，“学生成绩表”最终效果如图 3-6-2 所示。

21 级秋平面 2 班学生成绩表

	英语	语文	数学	政治	计算机基础	上机实训
张琴琴	90	89	80	84	77	优
李艳	55	67	70	86	64	优
王南	65	82	74	75	79	良
王赫	87	58	80	77	80	良
李想	73	60	56	81	73	及格
李天	78	44	89	66	60	及格
李梦	92	80	85	83	87	良
李瑶	90	82	79	88	88	优
程小娇	85	59	60	80	85	不及格
王思思	76	90	89	84	84	优
张莉	66	70	69	70	74	良
孙晓天	86	81	76	89	72	良
刘赫	69	80	80	76	77	良
李楠	89	78	90	82	79	优

图 3-6-1　“学生成绩表”资料

21 级秋平面 2 班学生成绩表

科目 成绩 姓名	英语	语文	数学	政治	计算机基础	上机实训
张琴琴	90	89	80	84	77	优
李艳	*55*	67	70	86	64	优
王南	65	82	74	75	79	良
王赫	87	*58*	80	77	80	良
李想	73	60	56	81	73	及格
李天	78	*44*	89	66	60	及格
李梦	92	80	85	83	87	良
李瑶	90	82	79	88	88	优
程小娇	85	59	60	80	85	*不及格*
王思思	76	90	89	84	84	优
张莉	66	70	69	70	74	良
孙晓天	86	81	76	89	72	良
刘赫	69	80	80	76	77	良
李楠	89	78	90	82	79	优

图 3-6-2 “学生成绩表”最终效果

二、任务分析

要完成本实训任务，应按照图 3-6-3 所示的思维导图复习教材中所学的知识点和技能点。

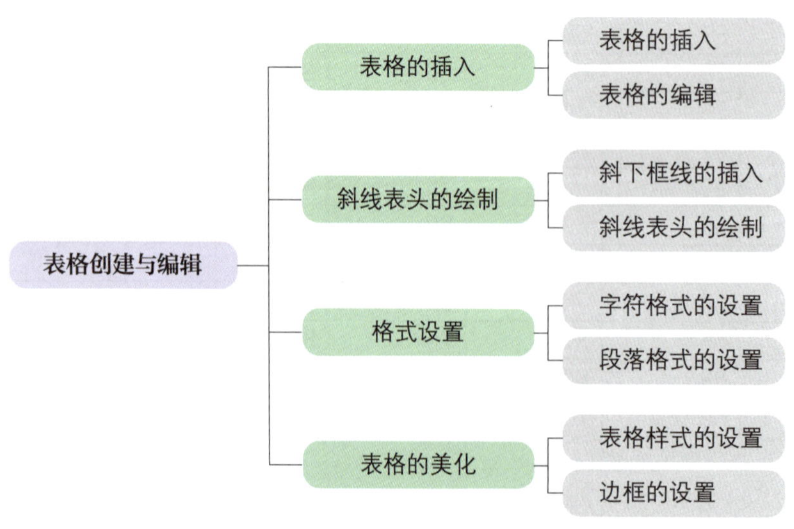

图 3-6-3 思维导图

本实训任务是根据某班级学习委员收集的每位学生成绩资料，使用 Word 2021 软件，在文档中进行表格的创建与数据录入，并对录入数据信息的字体、字号、字形、颜色、居中方式、边框、底纹等进行美化操作，最后保存学生成绩表文件。

三、计划制订

根据任务分析，学生自己制订完成本实训任务的实训计划，并填写在表 3-6-1 中。

表 3-6-1　实训计划

序号	工作内容	所需时间

四、操作步骤提示

本实训任务的操作步骤提示见表 3-6-2。

表 3-6-2　操作步骤提示

序号	操作步骤	内容
1	录入标题	打开 Word 2021 软件，在文档编辑区中输入文字“21 级秋平面 2 班学生成绩表”
2	设置标题字符、段落格式	选择标题文字，设置字体为“黑体”，字号为“小二”，颜色为“黑色”，对齐方式为“居中”，并在标题下添加下画线
3	插入表格、编辑表格	创建一个 7 列 15 行的表格，适当调整表格的行高及列宽
4	录入数据信息	录入图 3-6-1 所示的表格数据信息
5	设置表格数据的字符、段落格式	选择整个表格，设置字体为“宋体”，字号为“四号”，颜色为“黑色”，对齐方式为“居中” 选择表格中“60 分以下数据、不及格”，设置字形为“倾斜、加粗”，颜色为“红色”
6	绘制斜线表头	在表格第一个单元格内利用“直线”形状绘制两条斜线，并录入文字“姓名”“科目”“成绩”，设置字体为“宋体”，字号为“五号”，字形为“加粗”，颜色为“黑色”

续表

序号	操作步骤	内容
7	设置表格样式	选择整个表格，设置表格样式为“网格表 5 深色 - 着色 5”
8	设置边框	选择整个表格，设置表格外边框样式为“双实线，1/2pt，着色 5”，宽度为“0.5 磅”；设置表格内框线样式为“单实线”，颜色为“黑色”，宽度为“0.75 磅”
9	保存文件	保存文件到 D 盘，将其命名为“学生成绩表”

五、总结与评价

实训完成后，学生展示作品，解说完成实训过程中的心得体会。展示完毕，可以从工具使用、软件操作、作品效果、成果展示等方面对该实训任务进行评价，采用学生自评、学生互评、教师评价相结合的多元评价方式，见表 3-6-3。

表 3-6-3　实训评价

序号	评价要求	分值	学生自评（占比 30%）	学生互评（占比 30%）	教师评价（占比 40%）
1	能准确分析实训任务要求	10			
2	能熟练运用软件，操作设置准确	10			
3	能熟练进行表格的插入与编辑，绘制斜线表头	20			
4	能熟练准确录入表格数据信息	10			
5	能熟练设置字符格式、段落格式	10			
6	能熟练设置表格样式	10			
7	能熟练设置边框	10			
8	能熟练进行文件的保存操作	10			
9	能熟练进行效果展示及作品解说	10			
综合得分		100			

六、实训拓展

根据图 3-6-4 所示的表格文字信息，利用 Word 2021 软件完成表格的插入与编辑、数据信息的录入、编辑与美化及插入斜框线等操作。

技工院校学生基本信息表

<table>
<tr><td colspan="2">姓　名</td><td colspan="3"></td><td>性别</td><td></td><td colspan="2">出生年月</td><td colspan="2"></td><td colspan="2"></td></tr>
<tr><td colspan="2">政治面貌</td><td colspan="3"></td><td>民族</td><td></td><td colspan="2">籍贯</td><td colspan="2"></td><td colspan="2"></td></tr>
<tr><td colspan="3">毕业院校及专业</td><td colspan="8"></td><td colspan="2">照片</td></tr>
<tr><td colspan="3">家庭住址</td><td colspan="8"></td><td colspan="2"></td></tr>
<tr><td colspan="3">联系电话</td><td colspan="8"></td><td colspan="2"></td></tr>
<tr><td rowspan="6">各学期成绩</td><td colspan="2">第一学期</td><td colspan="2">第二学期</td><td colspan="2">第三学期</td><td colspan="2">第四学期</td><td colspan="2">第五学期</td><td>第六学期</td><td>总分</td></tr>
<tr><td></td><td></td><td></td><td></td><td></td><td></td><td></td><td></td><td></td><td></td><td></td><td></td></tr>
<tr><td></td><td></td><td></td><td></td><td></td><td></td><td></td><td></td><td></td><td></td><td></td><td></td></tr>
<tr><td></td><td></td><td></td><td></td><td></td><td></td><td></td><td></td><td></td><td></td><td></td><td></td></tr>
<tr><td></td><td></td><td></td><td></td><td></td><td></td><td></td><td></td><td></td><td></td><td></td><td></td></tr>
<tr><td></td><td></td><td></td><td></td><td></td><td></td><td></td><td></td><td></td><td></td><td></td><td></td></tr>
<tr><td colspan="2">何时何地受过何种奖励或处罚</td><td colspan="11"></td></tr>
<tr><td colspan="2">学校评价</td><td colspan="11"></td></tr>
<tr><td colspan="2">备注</td><td colspan="11"></td></tr>
</table>

图 3-6-4 “技工院校学生基本信息表”资料

操作提示及要求如下。

1. 录入标题文字“技工院校学生基本信息表”。

2. 设置标题文字，字体为“黑体”，字号为“二号”，颜色为“黑色”，对齐方式为“居中”，并在标题下添加下画线。

3. 创建图 3-6-4 所示表格，录入表格中的数据信息，根据表格内容适当调整行高与列宽。

4. 设置表格内文字，字体为“楷体”，字号为“小四”，颜色为“黑色”，对齐方式为“居中”。

5. 在表格中“第六学期”下面的 5 个单元格中插入“斜上框线”。

6. 设置表格外框线，线型为“双实线－上细下粗”，颜色为“黑色”，宽度为“2.25 磅”。

7. 设置表格内框线，线型为“单实线”，颜色为“黑色”，宽度为“1 磅”。
8. 保存文件，将其命名为“技工院校学生基本信息表”。
“技工院校学生基本信息表”最终效果如图 3-6-5 所示。

<table>
<tr><th colspan="13"><u>技工院校学生基本信息表</u></th></tr>
<tr><td colspan="2">姓名</td><td colspan="3"></td><td>性别</td><td colspan="2"></td><td colspan="2">出生年月</td><td></td><td colspan="2" rowspan="5">照片</td></tr>
<tr><td colspan="2">政治面貌</td><td colspan="3"></td><td>民族</td><td colspan="2"></td><td colspan="2">籍贯</td><td></td></tr>
<tr><td colspan="3">毕业院校及专业</td><td colspan="8"></td></tr>
<tr><td colspan="3">家庭住址</td><td colspan="8"></td></tr>
<tr><td colspan="3">联系电话</td><td colspan="8"></td></tr>
<tr><td rowspan="6">各学期成绩</td><td colspan="2">第一学期</td><td colspan="2">第二学期</td><td colspan="2">第三学期</td><td colspan="2">第四学期</td><td colspan="2">第五学期</td><td>第六学期</td><td>总分</td></tr>
<tr><td></td><td></td><td></td><td></td><td></td><td></td><td></td><td></td><td></td><td></td><td></td><td></td></tr>
<tr><td></td><td></td><td></td><td></td><td></td><td></td><td></td><td></td><td></td><td></td><td></td><td></td></tr>
<tr><td></td><td></td><td></td><td></td><td></td><td></td><td></td><td></td><td></td><td></td><td></td><td></td></tr>
<tr><td></td><td></td><td></td><td></td><td></td><td></td><td></td><td></td><td></td><td></td><td></td><td></td></tr>
<tr><td></td><td></td><td></td><td></td><td></td><td></td><td></td><td></td><td></td><td></td><td></td><td></td></tr>
<tr><td colspan="2">何时何地受过何种奖励或处罚</td><td colspan="11"></td></tr>
<tr><td colspan="2">学校评价</td><td colspan="11"></td></tr>
<tr><td colspan="2">备注</td><td colspan="11"></td></tr>
</table>

图 3-6-5 “技工院校学生基本信息表”最终效果

七、知识巩固与提高

1. 下面关于表格的叙述，（　　）是正确的。

A. 文字、数字、图形都可以作为表格的数据

B. 只有文字、数字可以作为表格的数据

C. 只有数字可以作为表格的数据

D. 只有文字可以作为表格的数据

2. 若要在表格中第二列右侧增加一列，首先选择第二列表格，然后（　　）。

A. 单击鼠标右键，在弹出的快捷菜单中选择“插入”下级菜单中的“在右侧插入列”

B. 单击鼠标右键，在弹出的快捷菜单中选择“插入”下级菜单中的“在左侧插入列”

C. 单击鼠标右键，在弹出的快捷菜单中选择“插入”下级菜单中的“插入单元格”

D. 单击鼠标右键，在弹出的快捷菜单中选择“拆分单元格”

3. 在 Word 表格中，绘制两条、多条斜线表头时，可以使用（　　）绘制斜线。

A. 多边形　　B. 三角形

C. 符号　　D. 直线

4. 在 Word 2021 软件中，对表格添加边框样式应（　　）。

A. 使用“格式”选项卡下的“边框”选项

B. 使用“开始”选项卡下的“插入表格”命令创建

C. 使用“布局”选项卡下“页面设置”组中的“边框”选项

D. 使用“表格工具”“表设计”选项卡下的“边框样式”选项

5. 在 Word 表格中，正确删除单元格的操作是（　　）。

A. 选中要删除的单元格，按 Delete 键

B. 选中要删除的单元格，按剪切按钮

C. 选中要删除的单元格，按组合键“Shift+Delete”

D. 选中要删除的单元格，使用右键菜单中的“删除单元格”命令

实训任务 7
创建与编辑“多彩校园报”

一、实训任务

某大学校报美编组从校报编辑处接到本期校园文艺版面的稿件，要求刊登学生优秀作品、散文随笔，并能在 45 min 内完成设计。美编组将利用 Word 2021 软件进行文字编排、版面设计、图形编辑、艺术字设置，最终效果如图 3-7-1 所示。

红色清晨

每日清晨，校园里弥漫着一股宁静与活力的气息。阳光透过树叶的缝隙洒下，给整个校园披上了一层金色的温暖。早起的同学们或匆匆忙忙地赶往教室，或悠闲地散步锻炼。清晨的校园，宛如一幅画卷，展现着青春与活力。

晨曦中，我常常能看到体育场上的运动员们正在进行晨跑训练。他们汗水湿透的身影，展现着他们坚持不懈的精神和对运动的热爱。早晨的阳光，给他们注入了无限的力量。

清晨的校园，是一个充满活力和希望的地方。在这里，每一天都是一个新的开始，每一天都有无限的可能。无论是追求知识，锻炼身体，还是品味生活，都可以在这里找到属于自己的一片天空。

四月的天使

四月是春天的季节，是春暖花开的季节，是欣欣向荣的季节，是万物生长的季节。

天气慢慢回暖的同时，人们也脱去了厚厚的棉衣，脱去了厚厚的棉衣的孩子像脱缰的野马蹦蹦跳跳地到处乱跑。而春季正是孩子生长的季节，春天里的孩子个子会长的很快。

春天里的雨水也比较珍贵，有一句“春雨贵如油”表现出了春雨的珍贵。今天我们这里下雨了，你们那里下雨了吗？下雨的天气里坐在房间里，看着外面的大雨在玻璃上留下的水印，听着雨水啪啪拍打玻璃的声音，心里很平静。大雨的路上，开着不紧不慢的汽车，有穿雨衣、没穿雨衣急忙骑过的电动车，有打着雨伞、没打雨伞匆忙走过的路人。

春天是一年的开始，带着温暖的春意，享受着灿烂的阳光，我爱春天的味道，喜欢春天的百花，闭上眼睛能感受春天里的美丽，风景在眼前绘画出一个美好的画面，春天是真的很美……

春天的季节，是我喜欢的季节，也是你们喜欢的季节！

逝去如风 恍然如梦

时间如同细沙从我手中一点点泻下，想要握紧，却阻止不了它的步伐，不知不觉大学的第一个学期就要过去了。而如今站在学期之末，回首这个学期，在大学里的点点滴滴，感觉到逝去如风，恍然如梦。逝去的有如风一样缓缓滑过我的心间，带走了我心里的一点点愁绪，而留下那些恍然如梦的画面，突然发现自己的身边依然多了许多熟悉的面孔，和大家有说不完的话语，脸上挂着的浅浅的笑靥，我终于明白这些人是我最大的收获，他们会组成我大学里最美的旋律，为我奏响属于我的那一首大学之歌。

昨日今日已经过了，我期待着明日，期待着明日的故事。而逝去的如风，吹落了我的丝丝惆怅，到远方……

图 3-7-1 最终效果

二、任务分析

要完成本实训任务，应按照图 3-7-2 所示的思维导图复习教材中所学的知识点和技能点。

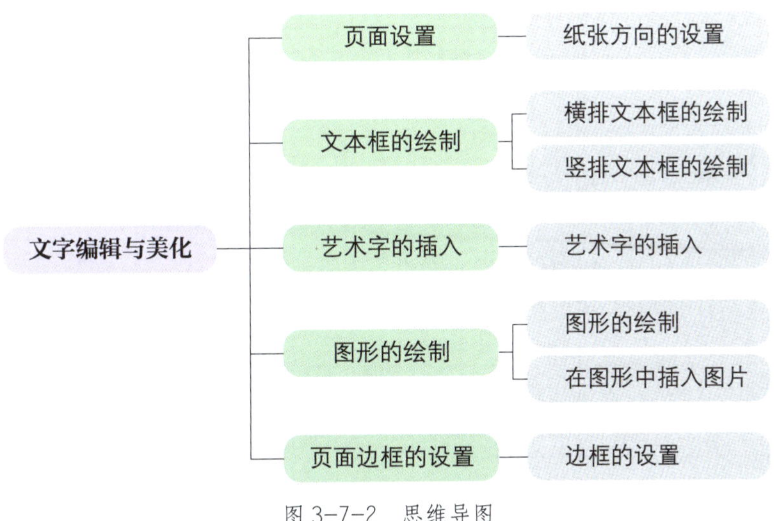

图 3-7-2　思维导图

本实训任务是根据某大学校报编辑部整理的学生优秀作品及散文随笔，使用 Word 2021 软件，在文档中应用文本框、艺术字、图形对文稿进行编排、版面设计，完成校报的设计与制作，并保存文件。

三、计划制订

根据任务分析，学生自己制订完成本实训任务的实训计划，并填写在表 3-7-1 中。

表 3-7-1　实训计划

序号	工作内容	所需时间

四、操作步骤提示

本实训任务的操作步骤提示见表 3-7-2。

表 3-7-2　操作步骤提示

序号	操作步骤	内容
1	设置纸张方向	打开 Word 2021 软件，将纸张大小设置为“A4”，纸张方向设置为“横向”
2	绘制文本框、设置字符格式	在文档编辑区中绘制三个文本框，设置文本框形状填充为“无填充”，形状轮廓为“无轮廓”，录入文本框中的文字 选择文本框 1，设置字体为“华文新魏”，字号为“五号”；选中首字“每”，设置字号为“三号”，字形为“加粗” 选择文本框 2，设置字体为“华文隶书”，字号为“五号”；选中首字“四”，设置字号为“三号”，字形为“加粗” 选择文本框 3，设置字体为“华文中宋”，字号为“五号”；选中首字“时”，设置字号为“三号”，字形为“加粗”
3	绘制图形	分别在文档左上角和右下角，利用直线形状绘制直角，设置线宽为“2.25 磅”，颜色为“橙色”，并设置发光效果
4	插入艺术字	分别在三个文本框上面插入艺术字，录入文字“红色清晨”“四月的天使”“逝去如风　恍然如梦”，艺术字格式可自由设置 在文档中间插入艺术字，输入文字“多彩的校园”，艺术字格式可自由设置
5	绘制图形	在文档左侧绘制图形为“卷形－水平”，在形状中插入图片“校园风景 1”；在文档右侧绘制图形为“云形”，在形状中插入图片“校园风景 2”
6	设置页面边框	设置“页面边框”为艺术型，并应用于“整篇文档”
7	保存文件	保存文件到 D 盘，将其命名为“多彩的校园”

五、总结与评价

实训完成后，学生展示作品，解说完成实训过程中的心得体会。展示完毕，可以从工具使用、软件操作、作品效果、成果展示等方面对该实训任务进行评价，采用学生自评、学生互评、教师评价相结合的多元评价方式，见表 3-7-3。

表 3-7-3　实训评价

序号	评价要求	分值	学生自评（占比 30%）	学生互评（占比 30%）	教师评价（占比 40%）
1	能准确分析实训任务要求	10			
2	能熟练运用软件，操作设置准确	10			

续表

序号	评价要求	分值	学生自评（占比 30%）	学生互评（占比 30%）	教师评价（占比 40%）
3	能熟练应用文本框、设置字符格式	10			
4	能熟练绘制图形	10			
5	能熟练设置形状格式	10			
6	能熟练插入艺术字并修改格式	20			
7	能熟练设置页面背景及边框	10			
8	能熟练进行文件的保存操作	10			
9	能熟练进行效果展示及作品解说	10			
综合得分		100			

六、实训拓展

根据给定的文字及图片资料，按以下要求利用 Word 2021 软件完成文本框的绘制、文字录入与编辑、艺术字的插入、图形的绘制、页面边框的设置。操作提示及要求如下。

1. 设置文档纸张大小为“A4”，纸张方向为“横向”。

2. 为文档填充页面背景色，填充效果为“双色－粉、棕色，斜下”。

3. 插入三个艺术字，分别输入“感恩教师节”“教师祝语”“名人名言”，艺术字的格式可以根据版面的内容自由设置。

4. 绘制文本框 1，输入教师祝福语，设置字体为“华文行楷”，字号为“二号”，颜色为“黑色”，首行缩进为“2 字符”。

5. 绘制文本框 2，输入名人名言，设置字体为“华文隶书”，字号为“小二”，颜色为“黑色”。

6. 在文档左下角绘制图形为“带形－前凸”，在图形中插入图片；在文档右上角绘制图形为“椭圆”，在图形中插入图片，设置形状轮廓颜色为“绿色”，添加橙色发光效果；在文档右下角绘制图形为“云形”，在图形中插入图片，设置形状轮廓为“无轮廓”，添加蓝色发光效果。

7. 为文档添加页面艺术边框效果，设置艺术型为  ，并应用于“整篇文档”。

8. 保存文件，将其命名为“教师节板报”。

教师节板报最终效果如图 3-7-3 所示。

图 3-7-3　教师节板报最终效果

七、知识巩固与提高

1. 在 Word 2021 软件中，使用鼠标左键双击已经插入的图片，在“图片格式”选项卡下可以用来设置图片环绕方式的按钮是（　　）。

A.　　B.　　C.　　D.

2. 若要在 Word 文档中插入艺术字，可以通过单击“插入”选项卡下的艺术字按钮来实现，该按钮的图标是（　　）。

A.　　B.　　C.　　D.

3. 在 Word 2021 软件中，绘制一个横排文本框，此功能应在（　　）选项卡下找到。

A. 视图　　B. 插入

C. 文件　　D. 引用

4. 在 Word 2021 软件中，对于插入的图片，不能进行的操作是（　　）。

A. 调整图片大小　　B. 将图片旋转一定角度

C. 调整图片的环绕方式　　D. 修改图片中的图形

5. 图 3-7-4 是用 Word 2021 软件制作的电子文档，其中“蝴蝶效应”艺术字所设置的文字环绕方式是（　　）。

有首民谣可以作为旁证：丢失一个钉子，坏了一只蹄铁；折了一匹战马，伤了一位骑士；输了一场战斗，亡了一个帝国。1997 年 7 月 2 日，在金融大鳄的操纵下亚洲金融风暴席卷泰国，泰铢贬值。不久，这场风暴扫过了马来西亚、新加坡、日本和韩国等地，打破了亚洲

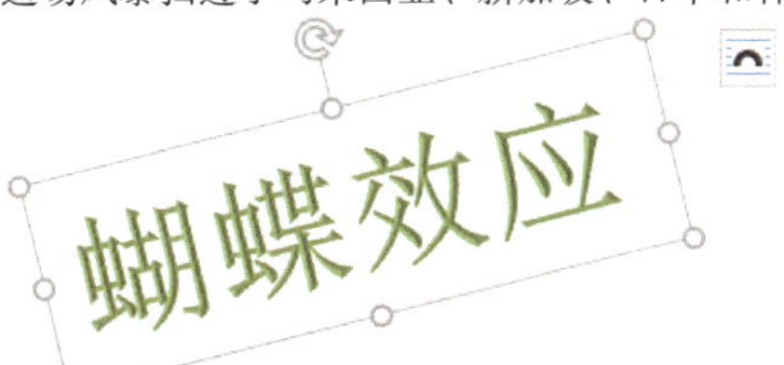

经济高速发展的景象。亚洲一些国家的经济开始萧条，一些国家的政局也开始混乱。原因就在于新、马、泰、日、韩等国都为外向型经济的国家，对世界市场的依附性很大。亚洲经济的动摇难免会出现牵一发而动全身的状况。

图 3-7-4　Word 2021 文档

A. 四周型　　B. 嵌入型

C. 上下型环绕　　D. 紧密型环绕

实训任务 8
创建与编辑“网店开设流程图”

一、实训任务

某网店设计公司，网店设计师从主管处接到一项任务，要求其在 45 min 内制作一张流程图，简单清晰地展现开设网店的整个流程。网店设计师将利用 Word 2021 软件进行图形的绘制与编辑、图形美化与组合、文字的录入等，“网店开设流程图”最终效果如图 3-8-1 所示。

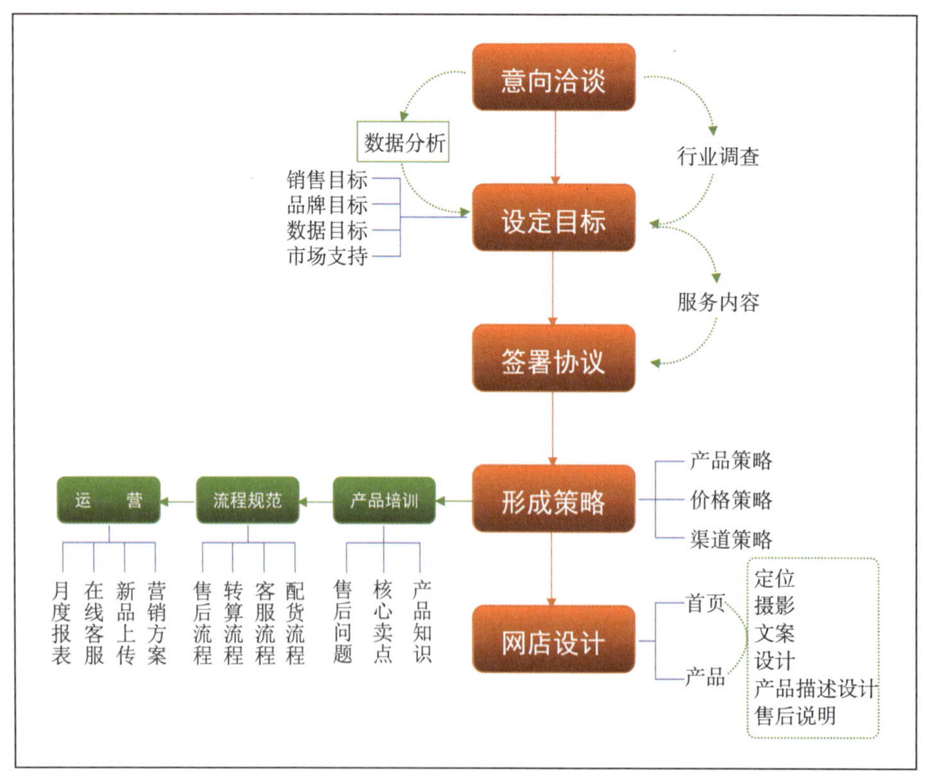

图 3-8-1　“网店开设流程图”最终效果

二、任务分析

要完成本实训任务，应按照图 3-8-2 所示的思维导图复习教材中所学的知识点和技能点。

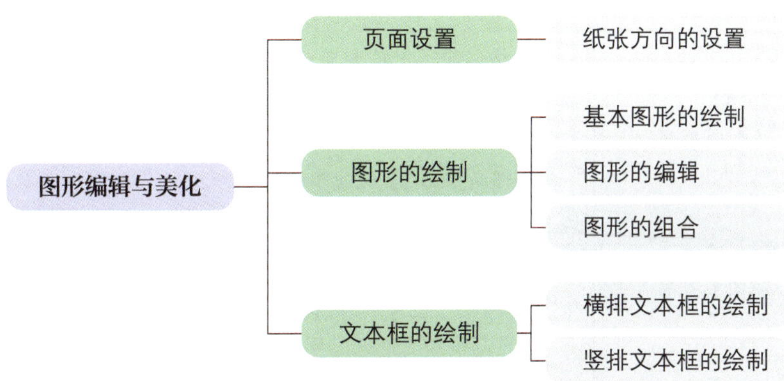

图 3-8-2　思维导图

本实训任务是根据某网店设计公司提供的开设网店流程信息资料，使用 Word 2021 软件，在文档中进行图形的绘制与编辑、图形的组合、文本框的绘制，并对录入文字信息的字体、字号、字形、颜色等进行美化操作，完成网店开设流程图的制作，最后保存文件。

三、计划制订

根据任务分析，学生自己制订完成本实训任务的实训计划，并填写在表 3-8-1 中。

表 3-8-1　实训计划

序号	工作内容	所需时间

四、操作步骤提示

本实训任务的操作步骤提示见表 3-8-2。

表 3-8-2　操作步骤提示

序号	操作步骤	内容
1	设置纸张方向	打开 Word 2021 软件，设置纸张大小为“A4”，纸张方向为“横向”
2	绘制圆角矩形	在文档编辑区中绘制圆角矩形 1，设置形状轮廓颜色为“橙色”，形状填充为“橙色 – 渐变 – 线性向上”；再复制四个圆角矩形，按竖排排列 绘制圆角矩形 2，设置形状轮廓颜色为“绿色”，形状填充为“绿色 – 渐变 – 线性向上”；再复制三个圆角矩形，按横排排列
3	为图形添加文字	依次在圆角矩形上添加文字（见图 3-8-1），设置字体为“黑体”，字号为“三号”，颜色为“白色”
4	绘制箭头	绘制“箭头”形状 1，设置方向为“向下”，形状轮廓为“橙色” 绘制“箭头”形状 2，设置方向为“向左”，形状轮廓为“绿色”
5	绘制圆角矩形	在文档右下角绘制圆角矩形 3，设置形状轮廓为“绿色、虚线 – 圆点、粗细 –1 磅”，形状填充为“无填充”
6	绘制直线	绘制横向列表中的直线，设置形状轮廓颜色为“蓝色”；选中多条直线后进行组合 绘制竖向列表中的直线，设置形状轮廓颜色为“紫色”；选中多条直线后进行组合
7	绘制文本框并录入文字	分别绘制横排、竖排文本框，设置文本框的形状轮廓为“无轮廓”，形状填充为“无填充” 录入图 3-8-1 所示文字，设置字体为“宋体”，字号为“小五”，颜色为“黑色”
8	绘制曲线箭头	绘制一条弧线，在弧线上单击鼠标右键，在弹出的快捷菜单中选择“设置对象格式”，在“设置形状格式”任务窗格中，设置开始 / 结尾箭头类型，颜色为“绿色”，短画线类型为“圆点”，宽度为“1 磅”
9	保存文件	保存文件到 D 盘，将其命名为“网店开设流程图”

五、总结与评价

实训完成后，学生展示作品，解说完成实训过程中的心得体会。展示完毕，可以从工具使用、软件操作、作品效果、成果展示等方面对该实训任务进行评价，采用学生自评、学生互评、教师评价相结合的多元评价方式，见表 3-8-3。

表 3-8-3 实训评价

序号	评价要求	分值	学生自评（占比 30%）	学生互评（占比 30%）	教师评价（占比 40%）
1	能准确分析实训任务要求	10			
2	能熟练运用软件，操作设置准确	10			
3	能熟练应用基本形状绘制图形，设置形状格式	30			
4	能熟练应用文本框并设置文本框格式	20			
5	能熟练设置字符格式、段落格式	10			
6	能熟练进行文件的保存操作	10			
7	能熟练进行效果展示及作品解说	10			
综合得分		100			

六、实训拓展

根据给定的文字信息，利用 Word 2021 软件完成图形的绘制与美化、文本框的绘制及形状格式的设置。操作提示及要求如下。

1. 打开 Word 2021 软件，设置纸张方向为“横向”。

2. 录入标题文字“购物流程”“退换流程”。

3. 设置标题字体为“黑体”，字号为“三号”，颜色为“红色”，并在标题下添加下画线。

4. 插入图片，在标题文字“购物流程”“退换流程”前面插入对应的图片。

5. 绘制“购物流程图”（见图 3-8-3）。绘制圆角矩形，设置形状轮廓颜色为“深蓝色”，形状填充为“蓝色”；绘制箭头，设置形状轮廓颜色为“深蓝色”；再为每个圆角矩形添加文字。

6. 绘制“退换流程图”（见图 3-8-3）。绘制圆角矩形，设置形状轮廓颜色为“深橙色”，形状填充为“橙色”；绘制箭头，设置形状轮廓颜色为“深橙色”；再为每个圆角矩形添加文字。

7. 组合图形，将所有图形进行组合。

8. 保存文件，将其命名为“购物及退换流程图”。

“购物及退换流程图”最终效果如图 3-8-3 所示。

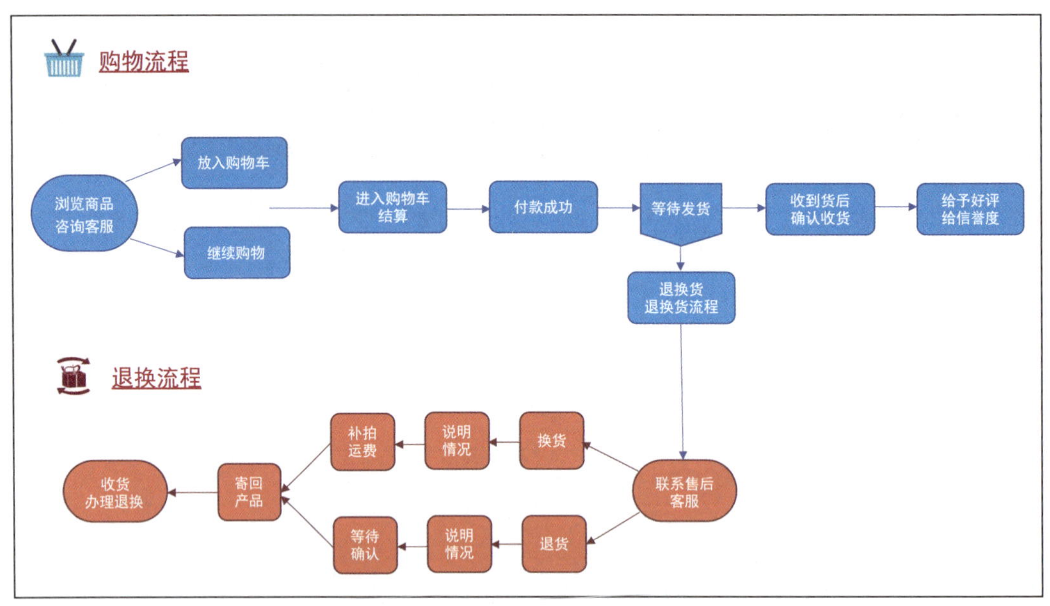

图 3-8-3 “购物及退换流程图”最终效果

七、知识巩固与提高

1. 在 Word 2021 软件中，如果在有文字的区域绘制图形，则在文字与图形的重叠部分（　　）。

A. 文字不可能被覆盖　　B. 文字可能被覆盖

C. 小部分文字被覆盖　　D. 大部分文字被覆盖

2. 在 Word 2021 软件中，选定图形的方法是（　　），此时出现“形状格式”选项卡。

A. 按 F2 键　　B. 使用鼠标左键双击图形

C. 使用鼠标连续三次单击图形　　D. 按住 Shift 键

3. 在 Word 2021 软件中，绘制一个图形，首先应该选择（　　）。

A.“插入”选项卡下的“图片”按钮

B.“插入”选项卡下的“形状”按钮

C.“插入”选项卡下的“文本框”按钮

D.“插入”选项卡下的“图表”按钮

4. 在 Word 文档编辑状态下，插入形状并选择形状将自动出现“形状格式”选项卡；插入图片并选择图片将自动出现“图片格式”选项卡，下列关于选项卡的说法中不正确的是（　　）。

A. 在“形状格式”选项卡下有“对齐”组

B. 在“形状格式”选项卡下有“字体”组

C. 在“图片格式”选项卡下有“艺术效果”组

D. 在“图片格式”选项卡下有“排列”组

5. 在 Word 2021 软件中要删除一个图形，正确的操作是（　　）。

A. 选中要删除的图形，按 Delete 键

B. 选中要删除的图形，按 Tab 键

C. 选中要删除的图形，按快捷键 Shift+Delete

D. 选中要删除的图形，使用右键菜单中的“删除单元格”命令

实训任务 9
制作“调研报告”目录

一、实训任务

某学院平面设计专业的教师，为了解市场对专业人才的需求情况，利用假期时间进行社会调研，并形成了调研报告，但由于报告内容较多，篇幅较大，不方便查看其内容，现需要制作调研报告的目录，以便查看。要求在 30 min 内应用 Word 2021 软件进行目录样式的设置、目录的提取、页码的设置，最终效果如图 3-9-1。

目　录

图 3-9-1　最终效果

二、任务分析

要完成本实训任务，应按照图 3-9-2 所示的思维导图复习教材中所学的知识点和技能点。

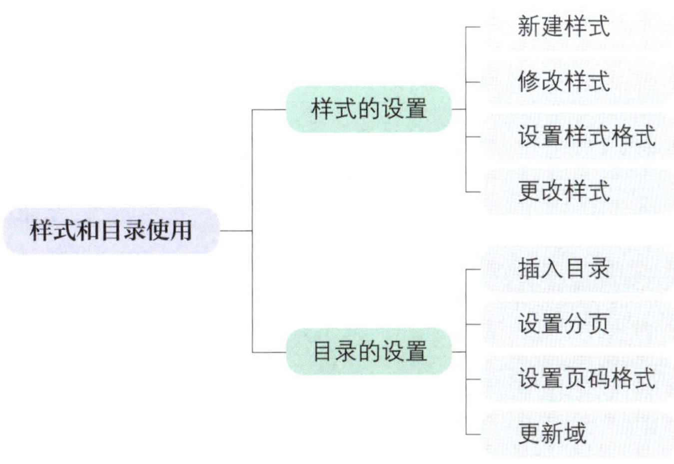

图 3-9-2　思维导图

本实训任务是根据某学院平面设计专业教师提供的调研报告文字信息，使用 Word 2021 软件进行目录样式的设置、目录的提取、页码的设置，最后保存文件。

三、计划制订

根据任务分析，学生自己制订完成本实训任务的实训计划，并填写在表 3-9-1 中。

表 3-9-1　实训计划

序号	工作内容	所需时间

四、操作步骤提示

本实训任务的操作步骤提示见表 3-9-2。

表 3-9-2　操作步骤提示

序号	操作步骤	内容
1	打开素材	在 Word 2021 软件，打开“调研报告”素材文件
2	设置标题 1 样式	设置字体为“黑体”，字号为“三号”，字形为“加粗”，颜色为“绿色”，对齐方式为“居中”，段前间距为“12 磅”，段后间距为“6 磅”
3	设置标题 2 样式	设置字体为“楷体”，字号为“小三”，字形为“加粗”，颜色为“绿色”，段前间距为“6 磅”，段后间距为“6 磅”
4	设置标题 3 样式	设置字体为“隶书”，字号为“四号”，字形为“加粗”，颜色为“绿色”，段前间距为“4 磅”，段后间距为“4 磅”
5	设置标题 4 样式	设置字体为“隶书”，字号为“小四”，字形为“加粗”，颜色为“绿色”，段前间距为“2 磅”，段后间距为“2 磅”
6	设置目录	将“目录”“平面设计专业社会调研报告”设置为标题 1 样式；将“一、二……”设置为标题 2 样式；将“（一）、（二）……”设置为标题 3 样式，将“1、2…”设置为标题 4 样式
7	设置分页	将目录和正文分为两节显示
8	插入目录	设置“目录”参数，勾选“显示页码、页码右对齐、使用超链接而不使用页码”等选项，设置制表符前导符为“虚线”，格式为“正式”，显示级别为“4”
9	设置页码	设置页码编号，起始页码为 1 设置更新目录中的页码
10	保存文件	保存文件到 D 盘，将其命名为“平面设计专业社会调研报告”

五、总结与评价

实训完成后，学生展示作品，解说完成实训过程中的心得体会。展示完毕，可以从工具使用、软件操作、作品效果、成果展示等方面对该实训任务进行评价，采用学生自评、学生互评、教师评价相结合的多元评价方式，见表 3-9-3。

表 3-9-3　实训评价

序号	评价要求	分值	学生自评（占比 30%）	学生互评（占比 30%）	教师评价（占比 40%）
1	能准确分析实训任务要求	10			
2	能熟练运用软件，操作设置准确	10			
3	能熟练设置标题样式	10			

续表

序号	评价要求	分值	学生自评（占比 30%）	学生互评（占比 30%）	教师评价（占比 40%）
4	能熟练进行目录插入与格式设置	30			
5	能熟练设置分页	10			
6	能熟练设置页码	10			
7	能熟练进行文件的保存操作	10			
8	能熟练进行效果展示及作品解说	10			
综合得分		100			

六、实训拓展

根据给定的文字信息，利用 Word 2021 软件完成样式的设置、目录的插入、分页及页码的设置。操作提示及要求如下。

1. 在 Word 2021 软件，打开“Visual Basic 教材”素材文件。

2. 设置标题 1 样式，字体为“黑体”，字号为“三号”，字形为“加粗”，颜色为“蓝色”，对齐方式为“居中”，段前间距为“12 磅”，段后间距为“6 磅”。

3. 设置标题 2 样式，字体为“黑体”，字号为“小三”，颜色为“蓝色”，段前间距为“6 磅”，段后间距为“6 磅”。

4. 设置标题 3 样式，字体为“仿宋”，字号为“四号”，颜色为“蓝色”，段前间距为“4 磅”，段后间距为“4 磅”。

5. 设置目录，将“目录”“第 1 章　Visual Basic 概述”设置为标题 1 样式；将“1.1、2.1…”设置为标题 2 样式；将“1、2…”设置为标题 3 样式。

6. 插入目录，并设置“目录”参数“显示页码、页码右对齐、使用超链接而不使用页码”，设置制表符前导符为“圆点”，格式为“正式”，显示级别为“3”。

7. 设置分页，将目录和正文分成两节。

8. 设置页码编号，起始页码为 1。

9. 设置更新目录中的页码。

10. 保存文件，将其命名为“Visual Basic 教材目录”。

“Visual Basic 教材目录”最终效果如图 3-9-3 所示。

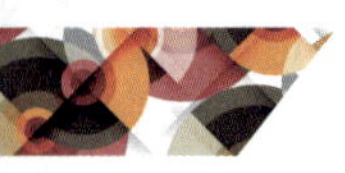

目　录

第 1 章　Visual Basic 概述 2
1.1　Visual Basic 语言的特点 2
1.可视化设计 2
2.事件驱动编程 2
1.2　Visual Basic 系统几个在程序应用中的常用名词 2
1.视窗（Form） 2
2.对象(Object) 2
3.属性(Properties) 2
4.事件(Events) 2
5.方法(Method) 2
6.过程(Procedure) 3
7.模块(Module) 3
第 2 章　Visual Basic 编程环境简介 3
2.1　面对对象的编程 3
2.2　实现菜单选项 3
2.3　实现工具栏 3
第 3 章　开发学籍管理系统的查询模块 4
3.1　查询模块的设计分析 4
3.2　编程环境的选择 4
3.3　关系型数据库的实现 4
3.4　两者的结合(DBA) 4
第 4 章　使用 Access 2000 创建数据库 5
4.1　数据库的概念 5
4.2　新建一个数据库 5
4.3　修改已建立的数据库 5

图 3-9-3 “Visual Basic 教材目录”最终效果

七、知识巩固与提高

1. 在已插入的目录上单击鼠标右键，在弹出的快捷菜单中选择（　　）命令，可以更新目录中的页码。

A. 更新域　　　　B. 编辑域

C. 字符　　　　D. 段落

2. 在 Word 2021 软件中，若想将一篇文档的目录和正文分为两节，下列选项中操作正确的是（　　）。

A. 在“布局”选项卡下“页面设置”组中单击“纸张方向”

B. 在“布局”选项卡下“页面设置”组中单击“分隔符”下的“下一页”

C. 在“引用”选项卡下“目录”组中单击“更新目录”

D. 在“引用”选项卡下“目录”组中单击“目录”下的“自定义目录”

3. 下列（　　）选项不是“目录”对话框中的选项卡。

A. 索引　　B. 更新目录

C. 引文目录　　D. 图表目录

4. 在 Word 2021 软件中，“页码”命令在（　　）选项卡中。

A. 开始　　B. 插入

C. 视图　　D. 引用

5. 在 Word 2021 软件中，使用水平标尺可以直接设置缩进，标尺顶部的三角形标记代表（　　）。

A. 左端缩进　　B. 右端缩进

C. 首行缩进　　D. 悬挂式缩进

实训任务 10
制作“专业课程论文格式”模板

一、实训任务

某学院教务处，在专业课程结束后要求学生撰写专业论文，为促进学生论文排版的规范化、标准化，现想要制作一份课程论文格式模板，对排版格式做出具体要求，便于规范学生论文格式。教务处长要求教务人员能在 30 min 内应用 Word 2021 软件进行模板页面设置、字符格式及段落格式设置、图片的插入、表格的绘制与编辑等操作，最终效果如图 3-10-1 所示。

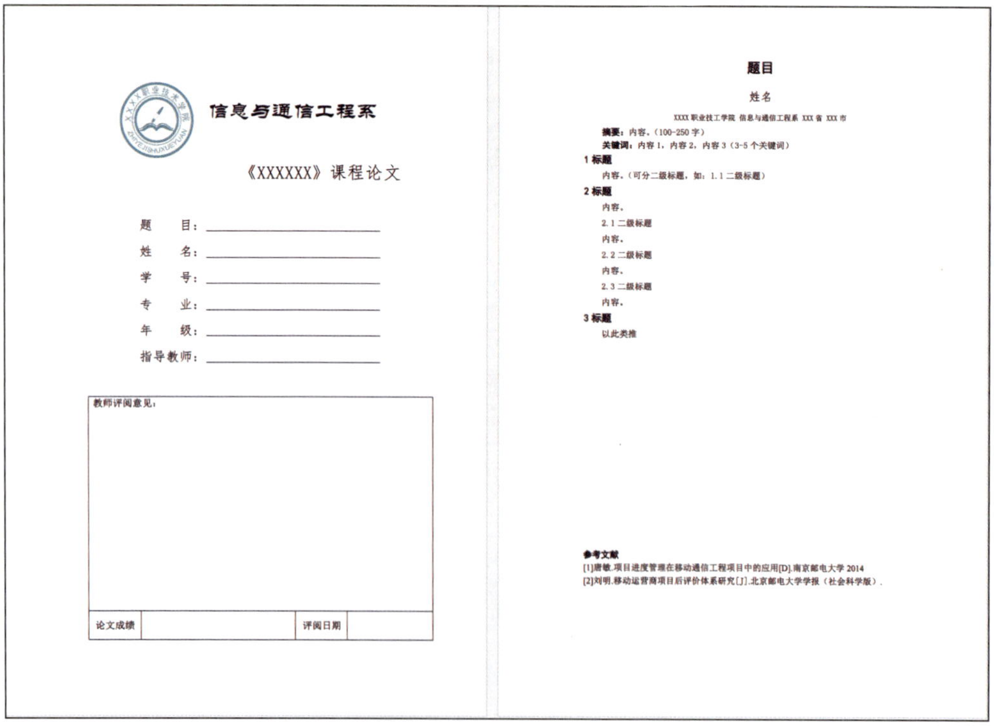
信息与通信工程系

《XXXXXX》课程论文

题　　目：

姓　　名：

学　　号：

专　　业：

年　　级：

指导教师：

教师评阅意见：			
论文成绩		评阅日期	

题目

姓名

XXXX 职业技工学院 信息与通信工程系 XXX 省 XXX 市

摘要：内容。（100-250 字）

关键词：内容 1，内容 2，内容 3（3-5 个关键词）

1 标题

内容。（可分二级标题，如：1.1 二级标题）

2 标题

内容。

2.1 二级标题

内容。

2.2 二级标题

内容。

2.3 二级标题

内容。

3 标题

以此类推

参考文献

[1]唐敏.项目进度管理在移动通信工程项目中的应用[D].南京邮电大学 2014

[2]刘明.移动运营商项目后评价体系研究[J].北京邮电大学学报（社会科学版）.

图 3-10-1　最终效果

二、任务分析

要完成本实训任务，应按照图 3-10-2 所示的思维导图复习教材中所学的知识点和技能点。

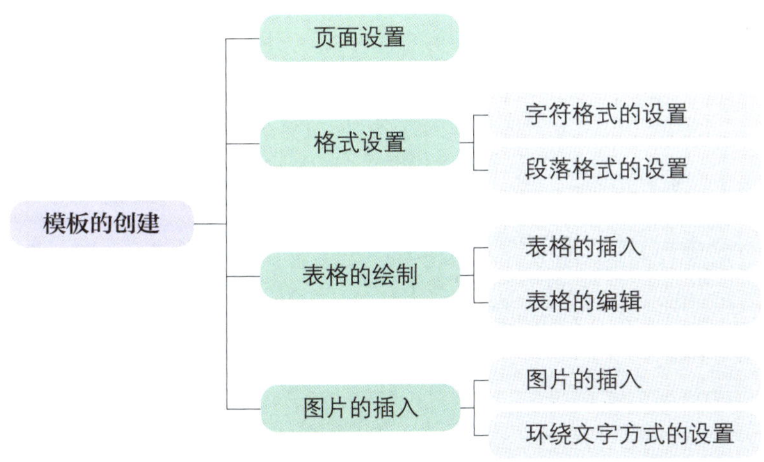

图 3-10-2　思维导图

本实训任务是根据某学院教务处提供的文字信息，使用 Word 2021 软件，进行模板页面设置、字符格式及段落格式的设置、图片的插入、表格的绘制与编辑等操作，最后将文件保存为模板文件。

三、计划制订

根据任务分析，学生自己制订完成本实训任务的实训计划，并填写在表 3-10-1 中。

表 3-10-1　实训计划

序号	工作内容	所需时间

四、操作步骤提示

本实训任务的操作步骤提示见表 3-10-2。

表 3-10-2　操作步骤提示

序号	操作步骤	内容
1	打开素材	在 Word 2021 软件中，打开“论文模板文字”素材文件
2	设置纸张大小、边距、装订线	设置纸张大小为“A4”，左边距为“2.4 厘米”，右边距为“2.4 厘米”，上边距为“2 厘米”，下边距为“2 厘米”，装订线为“靠左、1.2 厘米”
3	设置模板封皮字符、段落格式	设置主标题字体为“华文隶书”，字号为“一号”，段前间距为“3 行”，段后间距为“2 行” 设置副标题字体为“仿宋”，字号为“二号” 设置其他文字字体为“仿宋”，字号为“三号”，添加下画线，对齐方式为“居中”
4	绘制表格	绘制图 3-10-1 所示表格，设置表格正文字体为“宋体”，字号为“小四”
5	插入图片	在主标题文字前面插入“学院 Logo”图片，设置图片环绕方式为“四周型”
6	设置模板正文字符、段落格式	设置题目字体为“黑体”，字号为“三号”，字形为“加粗”，对齐方式为“居中”，段前间距为“12 磅”，段后间距为“3 磅”，行间距为“1.2 倍” 设置姓名字体为“仿宋”，字号为“四号”，对齐方式为“居中”，行间距为“1.2 倍” 设置地址字体为“宋体”，字号为“小五”，对齐方式为“居中”，行间距为“1.2 倍” 设置摘要、关键词字体为“黑体”，字号为“五号”，字形为“加粗”，首行缩进为“2 字符”；设置其内容字体为“宋体”，字号为“五号” 设置正文标题字体为“黑体”，字号为“小四”，字形为“加粗”，行间距为“1.2 倍” 设置参考文献字体为“黑体”，字号为“五号”，字形为“加粗”，设置其内容字体为“宋体”，字号为“五号”；英文字体为“Times New Roman”
7	保存文件	保存文件到 D 盘，将其命名为“课程论文模板”，保存类型为“word 模板”

五、总结与评价

实训完成后，学生展示作品，解说完成实训过程中的心得体会。展示完毕，可以从工具使用、软件操作、作品效果、成果展示等方面对该实训任务进行评价，采用学生自评、学生互评、教师评价相结合的多元评价方式，见表 3-10-3。

表 3-10-3 实训评价

序号	评价要求	分值	学生自评（占比 30%）	学生互评（占比 30%）	教师评价（占比 40%）
1	能准确分析实训任务要求	10			
2	能熟练运用软件，操作设置准确	10			
3	能熟练进行页面设置	10			
4	能熟练插入图片、设置环绕文字	20			
5	能熟练设置字符格式、段落格式	10			
6	能熟练进行表格的绘制与编辑	10			
7	能熟练进行文件的保存操作	20			
8	能熟练进行效果展示及作品解说	10			
综合得分		100			

六、实训拓展

根据图 3-10-3 所示给定的文字及图片信息，利用 Word 2021 软件完成个人简历模板页面设置、页面背景的填充、文本框的绘制与编辑、图形的绘制与编辑。操作提示及要求如下。

1. 设置纸张大小为“A4”，左边距为“2 厘米”，右边距为“2 厘米”，上边距为“2 厘米”，下边距为“2 厘米”。

2. 设置页面背景，将“背景”图片填充为页面背景。

3. 绘制矩形，沿文档页边距位置绘制矩形，设置形状填充为“白色”，形状轮廓为“无轮廓”。

4. 绘制圆形，在文档左上角处绘制圆形，在圆形中插入“头像”图片；再绘制 1 个圆形，设置形状填充为“无填充”，形状轮廓为“蓝色、长画线”。

5. 绘制圆角矩形，在文档中绘制 3 个圆角矩形，设置形状填充为“蓝色”，形状轮廓为“蓝色”。

6. 绘制直线，按图 3-10-3 所示位置绘制实线和虚线，线宽可以自由设置。

7. 绘制文本框，录入图 3-10-3 所示文字，字符格式可以自由设置。

8. 保存文件，将其命名为“个人简历模板”，保存类型为“word 模板”。

个人简历模板最终效果如图 3-10-3 所示。

图 3-10-3　个人简历模板最终效果

七、知识巩固与提高

1. 在下列选项中，(　　) 不是“页面设置”对话框中的选项卡。

A. 页边距　　　　B. 纸张

C. 布局　　　　D. 对齐方式

2. 在 Word 2021 软件中打印文档时，下述说法中不正确的是（　　）。

A. 在同一页面上，可以同时设置纵向和横向打印

B. 按快捷键 Ctrl+P 可以打开打印设置对话框

C. 在打印预览时可以同时显示多页

D. 在打印时可以指定需打印的页面

3. 在 Word 2021 软件中，装订线的位置只能设置为（　　）。

A. 靠左、靠右　　B. 靠上、靠下

C. 靠左、靠上　　D. 靠右、靠上

4. 在打印预览状态下，若要打印文档，则（　　）。

A. 必须退出预览状态后才可以打印

B. 在打印预览状态下可以直接打印

C. 在打印预览状态下不能打印

D. 只能在打印预览状态下才能打印

项目四

Excel 2021 的使用

实训任务 1
利用模板创建“每周家务安排表”

一、实训任务

为规范家庭成员的家务劳动任务，需要制作“每周家务安排表”并记录完成情况，现需要王林轲在 20 min 内，根据家庭劳动任务的安排结果，应用 Excel 2021 软件选择模板（见图 4-1-1）、更改及录入数据、保存文档等，“每周家务安排表”最终效果如图 4-1-2 所示。

每周家务安排表

	日		一		二		三		四		五		六	
	2023/9/3		2023/9/4		2023/9/5		2023/9/6		2023/9/7		2023/9/8		2023/9/9	
任务	人员	完成	人员	完成	人员	完成	人员	完成	人员	完成	人员	完成	人员	完成
收拾玩具/杂物	林格	✔完成												
取邮件	秦杰	✔完成												
洗碗	赵强													
除尘														
扫地														
吸尘														
拖地														
清洁浴室														
洗衣物														
修剪草坪														
耙草坪														
给花园除草														
修剪篱笆														
给植物浇水														
打扫														

图 4-1-1 “每周家务安排表”模板

每周家务安排表

	日		一		二		三		四		五		六	
	2023/9/3		2023/9/4		2023/9/5		2023/9/6		2023/9/7		2023/9/8		2023/9/9	
任务	人员	完成	人员	完成	人员	完成	人员	完成	人员	完成	人员	完成	人员	完成
收拾玩具/杂物	王欣宇	✔完成	王欣宇		王欣宇		王欣宇		王欣宇		王欣宇		王欣宇	
取邮件	王林轲	✔完成	王林轲		王林轲		王林轲		王林轲		王林轲		王林轲	
倒垃圾	王林轲	✔完成	王林轲		王林轲		王林轲		王林轲		王林轲		王林轲	
做早饭	李毓梅	✔完成	李毓梅		李毓梅		李毓梅		李毓梅		李毓梅		李毓梅	
做中饭	李毓梅	✔完成	李毓梅		李毓梅		李毓梅		李毓梅		李毓梅		李毓梅	
做晚饭	王林轲	✔完成	王林轲		王林轲		王林轲		王林轲		王林轲		王林轲	
清洁浴室	王林轲	✔完成	王林轲		王林轲		王林轲		王林轲		王林轲		王林轲	
清洁卧室	王欣宇	✔完成	王欣宇		王欣宇		王欣宇		王欣宇		王欣宇		王欣宇	
清洁厨房	李毓梅	✔完成	李毓梅		李毓梅		李毓梅		李毓梅		李毓梅		李毓梅	
清洁客厅	王林轲	✔完成	王林轲		王林轲		王林轲		王林轲		王林轲		王林轲	
洗衣物	王林轲	✔完成	王林轲		王林轲		王林轲		王林轲		王林轲		王林轲	
给植物浇水	王欣宇	✔完成	王欣宇		王欣宇		王欣宇		王欣宇		王欣宇		王欣宇	
擦玻璃	王林轲	✔完成	王林轲		王林轲		王林轲		王林轲		王林轲		王林轲	

每周家务安排表

图 4-1-2 “每周家务安排表”最终效果

二、任务分析

要完成本实训任务，应按照图 4-1-3 所示的思维导图复习教材中所学的知识点和技能点。

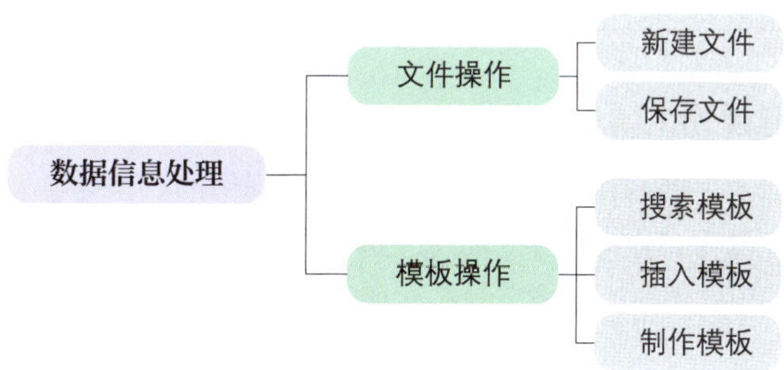

图 4-1-3 思维导图

本实训任务是根据王林轲家务劳动任务和人员分工信息资料，使用 Excel 2021 软件，选择模板并在模板中更改和录入数据信息，完成每周家务安排表的制作，最后保存文件。

三、计划制订

根据任务分析，学生自己制订完成本实训任务的实训计划，并填写在表 4-1-1 中。

表 4-1-1　实训计划

序号	工作内容	所需时间

四、操作步骤提示

本实训任务的操作步骤提示见表 4-1-2。

表 4-1-2　操作步骤提示

序号	操作步骤	内容
1	选择模板	打开 Excel 2021 软件，选择“每周家务安排表”模板
2	更改和录入数据信息	根据模板内容，结合实际任务安排，更改和录入任务内容、人员安排及完成情况
3	设置表内数据段落格式	设置任务列的对齐方式为“居中”
4	保存文件	保存文件到 D 盘，将其命名为“每周家务安排表”

五、总结与评价

实训完成后，学生展示作品，解说完成实训过程中的心得体会。展示完毕，可以从工具使用、软件操作、作品效果、成果展示等方面对该实训任务进行评价，采用学生自评、学生互评、教师评价相结合的多元评价方式，见表 4-1-3。

表 4-1-3　实训评价

序号	评价要求	分值	学生自评（占比 30%）	学生互评（占比 30%）	教师评价（占比 40%）
1	能准确分析实训任务要求	10			
2	能熟练运用软件，操作设置准确	10			

续表

序号	评价要求	分值	学生自评（占比 30%）	学生互评（占比 30%）	教师评价（占比 40%）
3	能熟练选择模板	20			
4	能熟练更改和录入数据	40			
5	能熟练保存文件	10			
6	能熟练进行效果展示及作品解说	10			
综合得分		100			

六、实训拓展

选择图 4-1-4 所示的发票模板，利用 Excel 2021 软件完成表格数据更改和录入、保存文件等操作。

图 4-1-4 简单发票 1 模板

操作提示及要求如下。

1. 打开 Excel 2021 软件，选择图 4-1-4 所示的模板。

2. 更改和录入表内数据信息，设置表内数据对齐方式为“居中”。

3. 保存文件，将其命名为“如家装饰公司发票表”。

“如家装饰公司发票表”最终效果如图 4-1-5 所示。

如家装饰公司

富强路龙山小区	电话：13788880000	电子邮件：45111222@QQ.com
黑龙江省/鸡西市 邮政编码 158100	传真：0467-2340000	网站：www.rujia.com
受票方：新一家装饰材料有限公司 地址：黑龙江省鸡西市园林路22号	电话：13899990000 传真：0467-2330000 电子邮件：	发票编号：234567190 发票日期：2021-03-09

发票事由：　购买装饰材料

项目编号	说明	数量	单价	折扣	价格
1	地砖	30	¥ 120.00	¥ 200.00	#NAME?
2	壁纸	20	¥ 235.00	¥ 300.00	#NAME?
3	门	4	¥ 3,500.00	¥ 1,000.00	#NAME?
4	橱柜	1	¥ 8,900.00	¥ 500.00	#NAME?
5	衣柜	1	¥ 3,000.00	¥ 300.00	#NAME?
6	花酒	1	¥ 1,500.00	¥ 200.00	#NAME?
7	集成吊顶	50	¥ 100.00	¥ 500.00	#NAME?

发票小计	#NAME?
税率	
销售税	#NAME?
其他	
收到的存款	
汇总	#NAME?

所有支票支付给如家装饰公司.
应付款总额期限为 <#> 天。逾期帐款收取每月 <#>% 的服务费。

图 4-1-5 “如家装饰公司发票表”最终效果

七、知识巩固与提高

1. 启动 Excel 2021 软件后，自动创建一个名为“工作簿 1”的空白表格文件，其操作界面由选项卡、标题栏、功能区、编辑栏、快速访问工具栏、(　　　)、工作表标签、行号、列号、状态栏等组成。

A. 工作表编辑区　　B. 工作表

C. 操作区　　D. 工作区

2. (　　) 位于工作界面的左上角，包含一组用户使用频率较高的工具，如“保存”“撤销”和“恢复”。

A. 快速访问工具栏　　B. 工具栏

C. 面板　　D. 选项卡

3. (　　) 主要用于输入和修改活动单元格中的数据。

A. 工作区　　B. 编辑栏

C. 编辑窗口　　D. 单元格

4. (　　) 用于显示或编辑工作表中的数据。

A. 工作表编辑区　　B. 工作区

C. 编辑栏　　D. 编辑窗口

5. (　　) 是 Excel 2021 软件工作簿的最小组成单位。

A. 单元格区域　　B. 工作表

C. 单元格　　D. 工作簿

6. (　　) 是显示在工作簿窗口中由行和列构成的表格，它主要由单元格、行号、列号和工作表标签等组成。

A. 工作表　　B. 工作簿

C. 单元格区域　　D. 编辑区

7. (　　) 是指当前正在操作的单元格。

A. 活动单元格　　B. 编辑区

C. 编辑窗口　　D. 单元格区域

实训任务 2
创建与编辑“某公司员工工资表”

一、实训任务

某公司财务部工作人员从财务总监处接受一项任务，按部门制作员工工资表，方便员工信息管理与工资发放，要求财务部工作人员在 45 min 内，根据员工基础信息及工资项目金额，如图 4–2–1 所示，应用 Excel 2021 软件进行数据录入、表格美化、数据有效性设置、相似表格创建等操作，“某公司员工工资表”最终效果如图 4–2–2 所示。

二、任务分析

要完成本实训任务，应按照图 4–2–3 所示的思维导图复习教材中所学的知识点和技能点。

	A	B	C	D	E	F	G	H	I	J	K
1	某公司员工工资表										
2	员工号	姓名	学历	工作年限	基本工资	奖金	加班费	住房补贴	岗位工资	扣医疗保险	扣住房公基金
3	0001	王平	本科	15	3000	1500	500	400	500	150	400
4	0002	李欣欣	本科	14	3000	1500	0	400	500	150	400
5	0003	张晓华	本科	15	3000	2000	300	400	1000	150	400
6	0004	王欣乐	本科	15	3000	2000	500	400	1000	150	400
7	0005	李可可	专科	13	3000	1500	400	400	500	150	400
8	0006	张大伟	本科	4	2000	1000	500	400	500	150	400
9	0007	于文才	本科	5	2000	1000	500	400	500	150	400
10	0008	赵晓丽	专科	4	2000	1000	0	400	500	150	400
11	0009	周莉莉	本科	7	2000	2000	500	400	500	150	400
12	0010	姚一萍	本科	11	3000	1500	500	400	500	150	400
13	0011	曲欣阳	本科	15	3000	2000	300	400	1000	150	400
14	0012	杨晓晓	专科	5	2000	1000	500	400	500	150	400
15	0013	杨乐乐	本科	15	3000	2000	0	400	500	150	400
16	0014	夏天	本科	15	3000	2000	500	400	500	150	400
17	0015	孙晓波	本科	5	2000	1000	400	400	500	150	400
18	0016	郑彬	本科	13	3000	1500	500	400	500	150	400
19	0017	崔莺莺	本科	15	3000	2000	0	400	500	150	400
20	0018	秦娟	本科	12	3000	1500	500	400	500	150	400

图 4–2–1　员工基础信息及工资项目金额

某公司员工工资表										
员工号	姓名	学历	工作年限	基本工资	奖金	加班费	住房补贴	岗位工资	医疗保扣	住房公基金
0001	王平	本科	15	3000	1500	500	400	500	150	400
0002	李欣欣	本科	14	3000	1500	0	400	500	150	400
0003	张晓华	本科	15	3000	2000	300	400	1000	150	400
0004	王欣乐	本科	15	3000	2000	500	400	1000	150	400
0005	李可可	专科	13	3000	1500	400	400	500	150	400
0006	张大伟	本科	4	2000	1000	500	400	500	150	400
0007	于文才	本科	5	2000	1000	500	400	500	150	400
0008	赵晓丽	专科	4	2000	1000	0	400	500	150	400
0009	周莉莉	本科	7	2000	2000	500	400	500	150	400
0010	姚一萍	本科	11	3000	1500	500	400	500	150	400
0011	曲欣阳	本科	15	3000	2000	300	400	1000	150	400
0012	杨晓晓	专科	5	2000	1000	500	400	500	150	400
0013	杨乐乐	本	[illegible]	3000	2000	0	400	500	150	400
0014	夏天	本	[illegible]	3000	2000	500	400	500	150	400
0015	孙晓波	本	[illegible]	2000	1000	400	400	500	150	400
0016	郑彬	本科	13	3000	1500	500	400	500	150	400
0017	崔莺莺	本科	15	3000	2000	0	400	500	150	400
0018	秦娟	本科	12	3000	1500	500	400	500	150	400

提示
您输入的信息应为"本科""专科""研究生"或"中专"!

图 4-2-2　“某公司员工工资表”最终效果

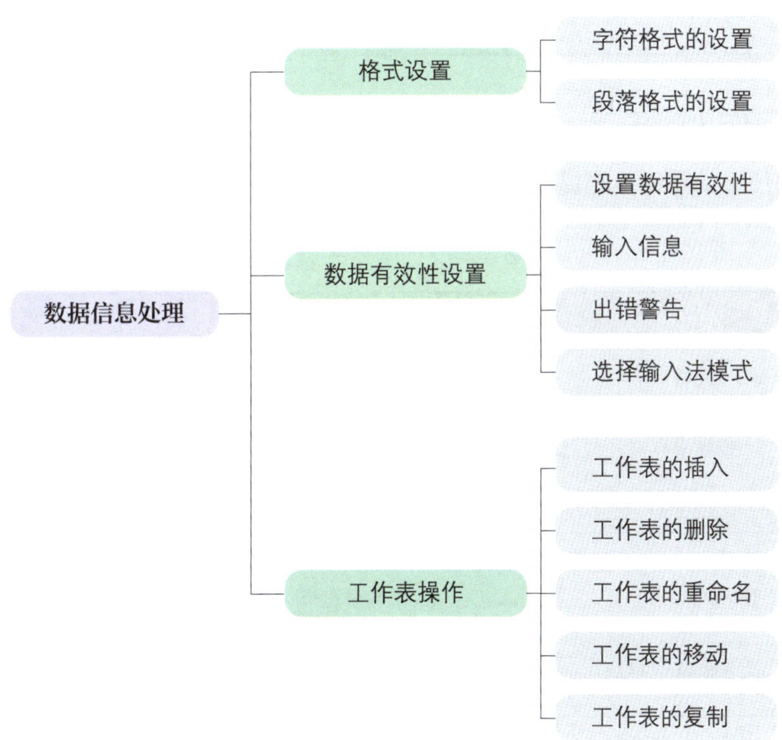

图 4-2-3　思维导图

本实训任务是根据某公司提供的员工工资信息资料，使用 Excel 2021 软件，在文档中录入数据信息，并对录入数据信息的字体、字号、字形、字体颜色、居中方式、边框、底纹等进行美化操作，对录入的数据进行有效性设置，完成不同部门员工信息在不同工作表中的录入，最后为工资表文件设置密码并保存。

三、计划制订

根据任务分析，学生自己制订完成本实训任务的实训计划，并填写在表 4–2–1 中。

表 4–2–1　实训计划

序号	工作内容	所需时间

四、操作步骤提示

本实训任务的操作步骤提示见表 4–2–2。

表 4–2–2　操作步骤提示

序号	操作步骤	内容
1	录入数据	打开 Excel 2021 软件，在工作区中录入数据
2	设置标题字符、段落格式	选择标题所占单元格，合并单元格，设置标题字体为“隶书”，字号为“22”，字形为“加粗”，字体颜色为“蓝色”，对齐方式为“居中”
3	设置表内数据字符、段落格式	设置表内数据，字体为“仿宋”，字号为“16”，字体颜色为“深蓝色”，对齐方式为“居中”
4	设置表格边框线	选择表内数据，设置外框线为“双实线”，内框线为“细虚线”，内框线颜色为“红色”
5	为单元格加底纹	选择 A2:K2 单元格，设置其背景色为“橙色”

续表

序号	操作步骤	内容
6	设置“学历”和“奖金”列数据有效性	设置“学历”列数据有效性为“只能输入本科、专科、研究生、中专”，设置提示信息为“您输入的信息应为‘本科’‘专科’‘研究生’或‘中专’!”，设置警告信息为“对不起，您输入的信息出错，请重新输入!” 设置“奖金”列数据有效性为“只能输入整数，且介于0～2 000之间”；设置提示信息为“请您输入0～2 000之间的数据!”，设置警告信息为“您输入的信息有误，请重新输入!”
7	工作表的复制、重命名、移动	将当前工作表重命名为“设计部”，再将“设计部”工作表复制2个，将其分别命名为“营销部”“生产部”，并将工作表顺序按“设计部”“营销部”“生产部”的顺序进行排列
8	文件加密	设置文件打开密码为“147258”
9	保存文件	保存文件到D盘，将其命名为“某公司员工工资表”

五、总结与评价

实训完成后，学生展示作品，解说完成实训过程中的心得体会。展示完毕，可以从工具使用、软件操作、作品效果、成果展示等方面对该实训任务进行评价，采用学生自评、学生互评、教师评价相结合的多元评价方式，见表4-2-3。

表4-2-3 实训评价

序号	评价要求	分值	学生自评（占比30%）	学生互评（占比30%）	教师评价（占比40%）
1	能准确分析实训任务要求	10			
2	能熟练运用软件，操作设置准确	10			
3	能熟练设置字符格式、段落格式	10			
4	能熟练设置边框和底纹	10			
5	能熟练设置数据有效性	20			
6	能熟练进行工作表复制、重命名、移动、删除、插入等操作	20			
7	能熟练设置文件密码并保存文件	10			
8	能熟练进行效果展示及作品解说	10			
综合得分		100			

六、实训拓展

根据图 4-2-4 所示给定的数据信息，利用 Excel 2021 软件完成表格数据录入、美化及数据有效性设置等操作。

	A	B	C	D	E	F	G	H	I	J	K	L
1	2021级（秋）平面设计专业第一学期期末考试成绩表											
2	学号	班级	姓名	德育	体育	语文	数学	美术	办公组合	PS基础	CAD绘图	备注
3	2021001	平面设计01	程富民	96	60	69	91	90	90	91	90	
4	2021002	平面设计01	方亚洲	80	80	92	78	88	96	83	78	
5	2021003	平面设计01	高春梅	91	88	81	89	97		87	84	
6	2021004	平面设计01	高钧海	90	76	60	93	88	88	88	88	
7	2021005	平面设计01	胡莎莎	91	88	94	87	68	87	76	71	
8	2021006	平面设计01	季敏	90	94	93	91	74	91	68	68	
9	2021007	平面设计01	姜忠凯	98	98	75	84	81	81	84	84	
10	2021008	平面设计01	鞠金丽	66	66	93	83	80	80	89	87	
11	2021009	平面设计01	林玉娟	81	81	80	86	83	83	80	82	
12	2021010	平面设计01	刘晓萍	60	60	69	96	93	93	80	82	
13	2021011	平面设计01	陆青山	94	94	96	85	75	74	85	81	
14	2021012	平面设计01	孟迪峰	93	93	71	74	60	60	78	78	
15	2021013	平面设计01	齐欣欣	75	75	72	63	81	81	88	87	
16	2021014	平面设计01	宋圣林	93	93	93	69	95	95	81	78	
17	2021015	平面设计01	宋婉萍	80	80	93	78	91	91	89	87	
18	2021016	平面设计01	孙文丽	69	69	93	62	84	96	18	78	
19	2021017	平面设计01	孙颖颖	92	92	83	70	68	68	81	86	
20	2021018	平面设计01	田雨森	95	91	63	94	60	60	85	86	
21	2021019	平面设计01	王乐佳	91	90	39	70	96	96	83	82	
22	2021020	平面设计01	王阳阳	96	91	91	75	65	65	80	83	
23	2021021	平面设计01	王雨峰	71	90	96	93	80	85	96	96	
24	2021022	平面设计01	徐震涛	72	98	67	80	83	74	80	78	
25	2021023	平面设计01	杨梦乔	93	75	89	69	93	63	80	86	
26	2021024	平面设计01	于润鑫	93	93	96	96	91	69	69	96	
27	2021025	平面设计01	于占科	93	80	79	71	90	78	96	85	

图 4-2-4　学生成绩数据信息

操作提示及要求如下。

1. 录入图 4-2-4 所示表格中的数据信息。

2. 设置标题文字，字体为“黑体”，字号为“20”，字形为“加粗”，字体颜色为“红色”，对齐方式为“居中”。

3. 设置表内文字，字体为“楷体”，字号为“14”，字体颜色为“紫色”，对齐方式为“居中”。

4. 设置表格外框线为“粗实线”，表格内框线为“点画线”。

5. 设置各科成绩数据有效性为“只能输入整数，且介于 0 ~ 100 之间”；设置提示信息为“请您输入 0 ~ 100 之间的数据！”；设置警告信息为“您输入的信息有误，请重新输入！”。

6. 设置文件密码为“258369”。

7. 新建 2 个工作表，将 3 个工作表分别命名为“2021 级秋平面 1 班”“2021 级秋计网 1 班”“2021 级秋室内 1 班”，排列顺序为“2021 级秋平面 1 班”“2021 级秋室内 1 班”“2021 级秋计网 1 班”。

8. 保存文件，将其命名为“2021 级（秋）各专业成绩表”。

“2021 级（秋）各专业成绩表”最终效果如图 4-2-5 所示。

	A	B	C	D	E	F	G	H	I	J	K	L
1	2021级（秋）平面设计专业第一学期期末考试成绩表											
2	学号	班级	姓名	德育	体育	语文	数学	美术	办公组合	PS基础	CAD绘图	备注
3	2021001	平面设计01	程富民	96	60	69	91	90	90	91	90	
4	2021002	平面设计01	方亚洲	80	80	92	78	88	96	83	78	
5	2021003	平面设计01	高春梅	91	88	81	89	97		87	84	
6	2021004	平面设计01	高钧海	90	76	60	93	88	88	88	88	
7	2021005	平面设计01	胡莎莎	91	88	94	87	68	87	76	71	
8	2021006	平面设计01	季敏	90	94	93	91	74	91	68	68	
9	2021007	平面设计01	姜忠凯	98	98	75	84	81	81	84	84	
10	2021008	平面设计01	鞠金丽	66	66	93	83	80	80	89	87	
11	2021009	平面设计01	林玉娟	81	81	80	86	83	83	80	82	
12	2021010	平面设计01	刘晓萍	60	60	69	96	93	93	80	82	
13	2021011	平面设计01	陆青山	94	94	96	85	75	74	85	81	
14	2021012	平面设计01	孟迪峰	93	93	71	74	60	60	78	78	
15	2021013	平面设计01	齐欣欣	75	75	72	63	81	81	88	87	
16	2021014	平面设计01	宋圣林	93	93	93	69	95	95	81	78	
17	2021015	平面设计01	宋婉萍	80	80	93	78	91	91	89	87	
18	2021016	平面设计01	孙文丽	69	69	93	62	84	96	18	78	
19	2021017	平面设计01	孙颖颖	92	92	83	70	68	68	81	86	
20	2021018	平面设计01	田雨森	95	91	6	[illegible]	60	60	85	86	
21	2021019	平面设计01	王乐佳	91	90	3	[illegible]	96	96	83	82	
22	2021020	平面设计01	王阳阳	96	91	9	[illegible]	65	65	80	83	
23	2021021	平面设计01	王雨峰	71	90	96	93	80	85	96	96	
24	2021022	平面设计01	徐震涛	72	98	67	80	83	74	80	78	
25	2021023	平面设计01	杨梦乔	93	75	89	69	93	63	80	86	
26	2021024	平面设计01	于润鑫	93	93	96	96	91	69	69	96	
27	2021025	平面设计01	于占科	93	80	79	71	90	78	96	85	

提示
请您输入0~100之间的数据！

2021秋平面1班 / 2021秋室内1班 / 2021秋计网1班

图 4-2-5 “2021 级（秋）各专业成绩表”最终效果

七、知识巩固与提高

1. 在 Excel 2021 软件中，若想更改数字的格式，首先需要选定数据区域，在（　　）选项卡下“数字”组中使用鼠标左键单击右下角的对话框启动器按钮，打开“设置单元格格式”对话框，在该对话框中进行设置。

A. 开始　　B. 数据

C. 视图　　D. 插入

2. 在 Excel 2021 软件中输入纯数字文本时，可以在数字开头输入半角的（　　）将其强制指定为文本。

A. '　　B. "

C. :　　D. >

3. 在 Excel 工作表中录入数据时，难免会出现录入错误，从而为后续工作带来很多麻烦，甚至造成损失，利用 Excel 的（　　）功能可以有效解决这一问题。

A. 字符格式　　B. 段落格式

C. 数据有效性　　D. 设置单元格格式

4. 在 Excel 工作表中设置数据有效性，首先选择要设置有效性数据的单元格或单元格区域，单击（　　）选项卡，在“数据工具”组中单击“数据有效性”按钮，打开“数据有效性”对话框，在对话框中对有效性进行设置。

A. 开始　　B. 数据

C. 视图　　D. 插入

5. 在“数据有效性”对话框中，（　　）选项卡用于设置输入无效数据时是否显示出错警告及警告信息的图标样式、文字内容。

A. 设置　　B. 输入信息

C. 出错警告　　D. 输入法模式

6. 在“数据有效性”对话框中，（　　）选项卡用于设置选定单元格时是否显示提示信息及信息内容。

A. 设置　　B. 输入信息

C. 出错警告　　D. 输入法模式

7. 在 Excel 2021 软件中，工作表的重命名可以采用（　　）工作表标签，更改工作表名称来完成。

A. 使用鼠标左键单击　　B. 使用鼠标左键双击

C. 使用鼠标右键单击　　D. 使用鼠标左键拖动

实训任务 3
编辑“某单位员工月工资情况汇总表”

一、实训任务

某单位需要对单位员工月工资情况进行编辑整理，现需要对已建立的“员工月工资情况汇总表”中变化的数据进行编辑与修改，为规范工资发放表做准备。要求财务部人员在 20 min 内，根据员工基础信息及工资各项目金额，如图 4-3-1 所示，应用 Excel 2021 软件进行数据录入、表格美化、数据编辑等操作，最终效果如图 4-3-2 所示。

	A	B	C	D	E	F	G	H	I
1				某单位员工月工资情况汇总表					
2	序号	姓名	性别	技术职称	基本工资	车费补助	话费补助	奖金	实发工资
3	1	陶芃屹	T	高级工	3000	200	200	500	
4	2	何洋	F	高级工	3000	200	200	500	
5	3	付双鑫	T	高级工	3000	200	200	500	
6	4	王玮明	T	技师	3500	300	300	600	
7	5	王国龙	T	中级工	2500	100	100	400	
8	6	郭江峰	T	中级工	2500	100	100	400	
9	7	李梅	F	高级工	3000	200	200	500	
10	8	朱哲宇	T	高级工	3000	200	200	500	
11	9	高也	T	技师	3500	300	300	600	
12	10	李栋鸣	T	高级工	3000	200	200	500	
13	11	尹君	F	高级工	3000	200	200	500	
14	12	曹正平	T	中级工	2500	100	100	400	
15	13	于吉久	T	中级工	2500	100	100	400	
16	14	王柏弘	T	技师	3500	300	300	600	
17	15	李雨婷	F	技师	3500	300	300	600	

图 4-3-1　员工信息及工资项目金额

	A	B	C	D	E	F	G	H	I
1	某单位员工月工资情况汇总表								
2	序号	姓名	性别	技术职称	基本工资	车费补助	话费补助	奖金	实发工资
3	1	陶芃屹	男	高工	3000	200	200	500	
4	2	何洋	女	高工	3000	200	200	500	
5	3	王玮明	男	技师	3500	300	300	600	
6	4	王国龙	男	中级工	2500	100	100	400	
7	5	郭江峰	男	中级工	2500	100	100	400	
8	6	李梅	女	高工	3000	200	200	500	
9	7	付双鑫	男	高工	3000	200	200	500	
10	8	朱哲宇	男	高工	3000	200	200	500	
11	9	高也	男	技师	3500	300	300	600	
12	10	李栋鸣	男	高工	3000	200	200	500	
13	11	尹君	女	高工	3000	200	200	500	
14	12	王丽	女	技师	3500	300	300	600	
15	13	曹正平	男	中级工	2500	100	100	400	
16	14	王柏弘	男	技师	3500	300	300	600	
17	15	李雨婷	女	技师	3500	300	300	600	

图 4-3-2　最终效果

二、任务分析

要完成本实训任务，应按照图 4-3-3 所示的思维导图复习教材中所学的知识点和技能点。

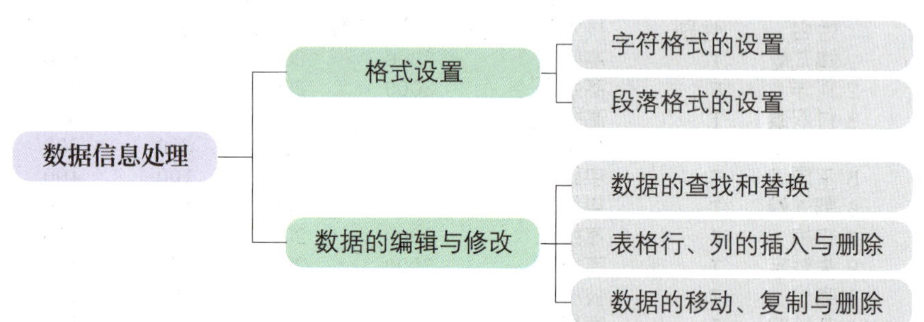

图 4-3-3　思维导图

本实训任务是根据某单位提供的员工信息资料，使用 Excel 2021 软件，在文档中录入数据信息，并对录入数据信息的字体、字号、字形、字体颜色、居中方式、边框等进行美化操作，对录入的数据进行数据查找与替换，进行行（列）的插入、删除、移动和数据的移动、复制和删除等操作，完成员工信息编辑操作，最后保存文件。

三、计划制订

根据任务分析，学生自己制订完成本实训任务的实训计划，并填写在表 4-3-1 中。

表 4-3-1　实训计划

序号	工作内容	所需时间

四、操作步骤提示

本实训任务的操作步骤提示见表 4-3-2。

表 4-3-2　操作步骤提示

序号	操作步骤	内容
1	录入数据	打开 Excel 2021 软件，在工作区中录入数据
2	设置标题字符、段落格式	选择标题所占单元格，合并单元格，设置标题字体为“黑体”，字号为“18”，字形为“加粗”，字体颜色为“黑色”，对齐方式为“居中”
3	设置表内数据字符、段落格式	设置表内数据，字体为“仿宋”，字号为“14”，字体颜色为“黑色”，对齐方式为“居中”
4	设置表格边框线	选择表内数据，设置外框线为“粗实线”，内框线为“细实线”
5	查找和替换数据	将表格中的“T”替换为“男”，“F”替换为“女”，“高级工”替换为“高工”
6	插入行并录入数据	在“序号 11”和“序号 12”之间插入一条信息，内容为“王丽，女，技师，3 500，300，300，600”
7	移动行数据	将“序号 3”的内容移动到“序号 8”的上方
8	删除行数据	删除“序号 13”的内容
9	保存文件	保存文件到 D 盘，将其命名为“某单位员工月工资情况汇总表”

五、总结与评价

实训完成后，学生展示作品，解说完成实训过程中的心得体会。展示完毕，可以从工具使用、软件操作、作品效果、成果展示等方面对该实训任务进行评价，采用学生自评、学生互评、教师评价相结合的多元评价方式，见表 4-3-3。

表 4-3-3　实训评价

序号	评价要求	分值	学生自评（占比 30%）	学生互评（占比 30%）	教师评价（占比 40%）
1	能准确分析实训任务要求	10			
2	能熟练运用软件，操作设置准确	10			
3	能熟练设置字符格式、段落格式	10			
4	能熟练查找和替换数据	20			
5	能熟练插入行并录入数据	20			
6	能熟练移动、删除行数据	10			
7	能熟练保存文件	10			
8	能熟练进行效果展示及作品解说	10			
综合得分		100			

六、实训拓展

根据图 4-3-4 所示给定的数据信息，利用 Excel 2021 软件完成表格数据录入、美化及有效性设置等操作。

	A	B	C	D	E	F	G	H
1	某技师学院2021秋平面设计专业学生报到情况统计表							
2	序号	姓名	性别	年龄	毕业学校	家长姓名	联系电话	备注
3	2021001	曹焜	T	16	滴道中学	曹新成	137****1122	
4	2021002	陈思成	T	16	恒山中学	陈明坤	138****1123	
5	2021003	侯爽	F	17	树梁中学	侯广利	139****1124	
6	2021004	蒋佳豪	T	16	市一中	蒋新成	136****1125	
7	2021005	李嘉欣	F	16	实验中学	李刚	135****1126	
8	2021006	刘佳玲	F	16	麻山中学	刘士明	133****1127	
9	2021007	刘晓晴	F	18	兰岭中学	刘利	132****1128	
10	2021008	孙萌萌	F	16	树梁中学	孙晓科	137****1129	
11	2021009	孙悦	F	17	市一中	孙明玉	138****1130	
12	2021010	万东炜	T	16	实验中学	万家豪	135****1131	
13	2021011	杨昊儒	T	16	麻山中学	杨坤	133****1132	
14	2021012	叶景坤	T	16	市一中	叶明涛	132****1133	
15	2021013	张宇航	T	16	实验中学	张明	131****1134	
16	2021014	周德航	T	17	滴道中学	周佳魁	135****1135	
17	2021015	邹明洋	T	17	恒山中学	邹宏杰	136****1136	
18	2021016	黄子涵	T	16	树梁中学	黄宏	138****1137	
19	2021017	李清龙	T	16	实验中学	李玉明	135****1138	
20	2021018	施洪心	T	18	麻山中学	施晓利	133****1139	
21	2021019	王春启	T	16	兰岭中学	王利利	139****1140	
22	2021020	王宁	F	16	兰岭中学	王新成	136****1141	

图 4-3-4　“学生报到情况统计表”数据信息

操作提示及要求如下。

1. 录入图 4-3-4 所示表格中的数据信息。

2. 设置标题文字，字体为“华文中宋”，字号为“20”，字形为“加粗”，字体颜色为“蓝色”，对齐方式为“居中”。

3. 设置表内文字，字体为“华文宋体”，字号为“14”，字体颜色为“深蓝色”，对齐方式为“居中”；根据数据内容适当调整列宽。

4. 设置表格外框线为“粗实线”，颜色为“紫色”，表格内框线为“虚线”，颜色为“紫色”。

5. 将表格中的“T”替换为“男”，“F”替换为“女”。

6. 在 D 列和 E 列之间插入一列，标题为“身份证号码”，并在该列中输入每位学生的身份证号码。

7. 删除序号为“2021010”的行信息，并录入信息“李欣，女，16，2303022005××××5329，市一中，李新军，135××××1131”。

8. 交换序号为“2021013”和“2021019”的信息内容。

9. 将第 1、第 2 行和第 1、第 2 列的信息冻结，方便查阅。

10. 保存文件，将其命名为“学生报到情况统计表”。

“学生报到情况统计表”最终效果如图 4-3-5 所示。

	A	B	C	D	E	F	G	H	I
1	某技师学院2021秋平面设计专业学生报到情况统计表								
2	序号	姓名	性别	年龄	身份证号	毕业学校	家长姓名	联系电话	备注
3	2021001	曹焜	男	16	2303022005××××5320	滴道中学	曹新成	137××××1122	
4	2021002	陈思成	男	16	2303022005××××5321	恒山中学	陈明坤	138××××1123	
5	2021003	侯爽	女	17	2303022004××××5322	树梁中学	侯广利	139××××1124	
6	2021004	蒋佳豪	男	16	2303022005××××5323	市一中	蒋新成	136××××1125	
7	2021005	李嘉欣	女	16	2303022005××××5324	实验中学	李刚	135××××1126	
8	2021006	刘佳玲	女	16	2303022005××××5325	麻山中学	刘士明	133××××1127	
9	2021007	刘晓晴	女	18	2303022003××××5326	兰岭中学	刘利	132××××1128	
10	2021008	孙萌萌	女	16	2303022005××××5327	树梁中学	孙晓科	137××××1129	
11	2021009	孙悦	女	17	2303022004××××5328	市一中	孙明玉	138××××1130	
12	2021010	李欣	女	16	2303022005××××5329	市一中	李新军	135××××1131	
13	2021011	杨昊儒	男	16	2303022005××××5330	麻山中学	杨坤	133××××1132	
14	2021012	叶景坤	男	16	2303022005××××5331	市一中	叶明涛	132××××1133	
15	2021019	王春启	男	16	2303022005××××5338	兰岭中学	王利利	139××××1140	
16	2021014	周德航	男	17	2303022004××××5333	滴道中学	周佳魁	135××××1135	
17	2021015	邹明洋	男	17	2303022004××××5334	恒山中学	邹宏杰	136××××1136	
18	2021016	黄子涵	男	16	2303022005××××5335	树梁中学	黄宏	138××××1137	
19	2021017	李清龙	男	16	2303022005××××5336	实验中学	李玉明	135××××1138	
20	2021018	施洪心	男	18	2303022003××××5337	麻山中学	施晓利	133××××1139	
21	2021013	张宇航	男	16	2303022005××××5332	实验中学	张明	131××××1134	
22	2021020	王宁	女	16	2303022005××××5339	兰岭中学	王新成	136××××1141	

图 4-3-5 “学生报到情况统计表”最终效果

七、知识巩固与提高

1. Excel 表格中的行或列很多时，不便于查询信息，在打印表格时，有时不想打印某些不必要的行或列，此时，可以将多余的行或列（　　）。

A. 删除　　B. 移动

C. 复制　　D. 隐藏

2. Excel 表格中隐藏行、列或工作表时，可单击（　　）选项卡下“单元格”组中的“格式”按钮来完成。

A. 开始　　B. 数据

C. 视图　　D. 公式

3. Excel 表格中如果需要在工作表滚动时保持一部分行或列始终可见，可使用（　　）功能。

A. 隐藏　　B. 删除

C. 冻结窗格　　D. 拆分窗格

4. 在 Excel 表格中打开“查找和替换”对话框中“查找”选项卡的快捷键是（　　）。

A. Ctrl+F　　B. Ctrl+H

C. Ctrl+A　　D. Ctrl+C

5. 在 Excel 表格中打开“查找和替换”对话框中“替换”选项卡的快捷键是（　　）。

A. Ctrl+F　　B. Ctrl+H

C. Ctrl+A　　D. Ctrl+C

6. 在 Excel 表格中插入列的方法，可以选中一列，单击鼠标右键，在弹出的快捷菜单中选择“插入”命令，此时会在该列的（　　）插入一列。

A. 左侧　　B. 右侧

C. 上侧　　D. 下侧

7. 在 Excel 表格中插入表格行的方法，可以选中一行，单击鼠标右键，在弹出的快捷菜单中选择“插入”命令，此时会在该行的（　　）插入一行。

A. 左侧　　B. 右侧

C. 上侧　　D. 下侧

实训任务 4
制作“某单位培训学员成绩统计表”

一、实训任务

某单位为提高工作人员的综合素质和专业能力，定期开展学员培训考核活动，现需要对已完成的培训成绩进行汇总，制作培训学员成绩统计表。要求培训部工作人员在 45 min 内，根据某单位培训学员成绩统计表，如图 4-4-1 所示，应用 Excel 2021 软件进行数据录入、表格美化、数据计算、排序等操作，最终效果如图 4-4-2 所示。

	A	B	C	D	E	F	G	H	I	J
1	某单位培训学员成绩统计表									
2	学号	姓名	应用文写作	选煤基础知识	铁路货运组织	煤质化验高级工基础知识	煤样采集	总分	平均分	名次
3	2021001	代尚丰	91	88	83	83	88			
4	2021002	方秋艳	82	71	96	88	71			
5	2021003	冯宇	86	68	78	80	68			
6	2021004	高雅文	87	84	90	80	84			
7	2021005	姜殿潮	75	87	78	84	87			
8	2021006	姜武	67	82	84	77	82			
9	2021007	李科	83	82	88	87	82			
10	2021008	李秋平	88	81	71	80	81			
11	2021009	刘佳琪	80	78	68	88	78			
12	2021010	任得望	80	87	84	18	87			
13	2021011	田新月	84	78	87	81	78			
14	2021012	王大鹏	77	87	82	85	87			
15	2021013	王超	87	86	82	83	95			
16	2021014	王岩	80	86	86	80	86			
17	2021015	王博	88	82	86	96	86			
18	最高分									
19	最低分									

图 4-4-1　某单位培训学员成绩统计表

	A	B	C	D	E	F	G	H	I	J
1	某单位培训学员成绩统计表									
2	学号	姓名	应用文写作	选煤基础知识	铁路货运组织	煤质化验高级工基础知识	煤样采集	总分	平均分	名次
3	2021015	王博	88	82	86	96	86	438	88	1
4	2021013	王超	87	86	82	83	95	433	87	2
5	2021001	代高丰	91	88	83	83	88	433	87	2
6	2021004	高雅文	87	84	90	80	84	425	85	4
7	2021007	李科	83	82	88	87	82	422	84	5
8	2021012	王大鹏	77	87	82	85	87	418	84	6
9	2021014	王岩	80	86	86	80	86	418	84	6
10	2021005	姜殿潮	75	87	78	84	87	411	82	8
11	2021011	田新月	84	78	87	81	78	408	82	9
12	2021002	方秋艳	82	71	96	88	71	408	82	9
13	2021008	李秋平	88	81	71	80	81	401	80	11
14	2021006	姜武	67	82	84	77	82	392	78	12
15	2021009	刘佳琪	80	78	68	88	78	392	78	12
16	2021003	冯宇	86	68	78	80	68	380	76	14
17	2021010	任得望	80	87	84	18	87	356	71	15
18	最高分		91	88	96	96	95	438	88	
19	最低分		67	68	68	18	68	356	71	

图 4-4-2　最终效果

二、任务分析

要完成本实训任务，应按照图 4-4-3 所示的思维导图复习教材中所学的知识点和技能点。

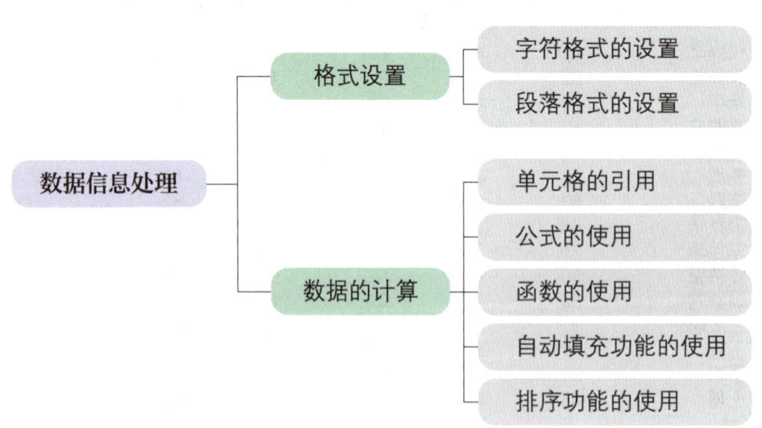

图 4-4-3　思维导图

本实训任务是根据某单位培训学员成绩信息，使用 Excel 2021 软件，在文档中录入数据信息，并对录入数据信息的字体、字号、字形、居中方式、边框等进行美化操作，对录入的数据进行求和，计算平均值、最大值、最小值，并进行排序等操作，完成培训学员成绩数据处理操作，最后保存文件。

三、计划制订

根据任务分析，学生自己制订完成本实训任务的实训计划，并填写在表 4–4–1 中。

表 4–4–1 实训计划

序号	工作内容	所需时间

四、操作步骤提示

本实训任务的操作步骤提示见表 4–4–2。

表 4–4–2 操作步骤提示

序号	操作步骤	内容
1	录入数据	打开 Excel 2021 软件，在工作区中录入数据
2	设置标题字符、段落格式	选择标题所占单元格，合并单元格，设置标题字体为“黑体”，字号为“20”，字形为“加粗”，字体颜色为“黑色”，对齐方式为“居中”
3	设置表内数据字符、段落格式	设置表内数据，字体为“华文新魏”，字号为“14”，字体颜色为“黑色”，对齐方式为“居中”
4	设置表格边框线	选择表内数据，设置内外框线为“细实线”
5	计算总分和平均分	利用公式和函数求出总分和平均分
6	排名次	利用 RANK 函数填写名次列
7	计算最高分和最低分	利用 MIX 和 MIN 函数求出最高分和最低分
8	按各分数排序	按“总分”进行降序排序，分数相同者按“煤样采集”分数进行降序排序，分数相同者再按“铁路货运组织”分数进行降序排序，分数相同者再按“煤质化验高级工基础知识”分数进行降序排序
9	保存文件	保存文件到 D 盘，将其命名为“某单位培训学员成绩统计表”

五、总结与评价

实训完成后，学生展示作品，解说完成实训过程中的心得体会。展示完毕，可以从软件操作、作品效果、成果展示等方面对该实训任务进行评价，采用学生自评、学生互评、教师评价相结合的多元评价方式，见表 4-4-3。

表 4-4-3　实训评价

序号	评价要求	分值	学生自评（占比 30%）	学生互评（占比 30%）	教师评价（占比 40%）
1	能准确分析实训任务要求	10			
2	能熟练运用软件，操作设置准确	10			
3	能熟练设置字符格式、段落格式	10			
4	能熟练使用公式	15			
5	能熟练使用常用函数	15			
6	能熟练引用单元格	10			
7	能熟练使用自动填充功能	10			
8	能熟练使用排序功能	10			
9	能熟练进行效果展示及作品解说	10			
综合得分		100			

六、实训拓展

根据图 4-4-4 所示给定的数据信息，利用 Excel 2021 软件完成表格数据录入、美化设置、函数应用、数据排序等操作。

操作提示及要求如下。

1. 录入图 4-4-4 所示表格中的数据信息。

2. 设置标题文字，字体为“黑体”，字号为“24”，字形为“加粗”，字体颜色为“红色”，对齐方式为“居中”。

3. 设置表内文字，字体为“宋体”，字号为“16”，字体颜色为“蓝色”，对齐方式为“居中”；根据数据内容适当调整列宽。

4. 设置表格外框线为“粗实线”，颜色为“深蓝色”，表格内框线为“细实线”，颜色为“深蓝色”。

5. 将表格中第 1、第 2 行和 A、B 列冻结，方便查阅。

6. 利用 MID 函数填写“出生年月日”列。

	A	B	C	D	E	F	G	H	I
1	某技师学院职工工资表								
2	编号	姓名	部门	身份证号码	出生年月日	职称	联系电话	工资总额	备注
3	0001	崔宝芳	信息工程系	23030219830201××××		中级讲师	131××××5511	4546.89	
4	0002	单玉婷	信息工程系	23030219731001××××		高级讲师	132××××5512	6546.23	
5	0003	关鹏	信息工程系	23030219920701××××		助理讲师	131××××5513	3586.58	
6	0004	韩修铭	信息工程系	23030219720601××××		高级讲师	131××××5514	6865.25	
7	0005	兰添	信息工程系	23030219860201××××		中级讲师	136××××5515	4578.54	
8	0006	李红艳	信息工程系	23030219710201××××		高级讲师	131××××5516	6626.15	
9	0007	刘臻	信息工程系	23030219771001××××		高级讲师	136××××5517	6596.36	
10	0008	米仓蓄	信息工程系	23030219750301××××		高级讲师	131××××5518	6759.23	
11	0009	王鸿月	信息工程系	23030219780901××××		高级讲师	131××××5519	6632.35	
12	0010	王兰兰	信息工程系	23030219930801××××		助理讲师	137××××5520	3548.27	
13	0011	王泽民	电气工程系	23030219710201××××		高级讲师	131××××5521	6658.73	
14	0012	项阳	电气工程系	23030219720601××××		高级讲师	131××××5522	6775.26	
15	0013	张浩	电气工程系	23030219821201××××		中级讲师	131××××5523	4548.87	
16	0014	张清雅	电气工程系	23030219770901××××		高级讲师	139××××5524	6753.69	
17	0015	张焱	电气工程系	23030219850301××××		中级讲师	156××××5525	4546.57	
18	0016	曹宇	电气工程系	23030219910801××××		助理讲师	131××××5526	3548.22	
19	0017	刁成富	电气工程系	23030219740101××××		高级讲师	138××××5527	6596.56	
20	0018	王睿	电气工程系	23030219750701××××		高级讲师	131××××5528	6551.63	
21	0019	吴晟铭	电气工程系	23030219890601××××		中级讲师	131××××5529	4578.25	
22	0020	夏永奇	电气工程系	23030219720501××××		高级讲师	131××××5530	6548.56	
23	0021	邢立华	机械工程系	23030219711101××××		高级讲师	187××××5531	6523.79	
24	0022	徐玉森	机械工程系	23030219860701××××		中级讲师	131××××5532	4489.13	
25	0023	许永军	机械工程系	23030219760501××××		高级讲师	131××××5533	6576.56	
26	0024	杨殿伟	机械工程系	23030219790901××××		高级讲师	159××××5534	6557.71	
27	0025	羿宏德	机械工程系	23030219800401××××		中级讲师	131××××5535	4558.75	
28	0026	张宝真	机械工程系	23030219720301××××		高级讲师	131××××5536	6526.54	
29	0027	毕浩南	机械工程系	23030219930501××××		助理讲师	186××××5537	3546.52	
30	0028	崔天生	机械工程系	23030219710401××××		高级讲师	131××××5538	6596.55	
31	0029	冯清扬	机械工程系	23030219830701××××		中级讲师	131××××5539	4258.69	
32	0030	李影	机械工程系	23030219750601××××		高级讲师	155××××5540	6572.77	
33	0031	刘芯蕊	办公室	23030219780301××××		高级讲师	131××××5541	6546.87	
34	0032	刘岩	办公室	23030219960801××××		助理讲师	135××××5542	3547.85	
35	0033	芮苗苗	办公室	23030219700601××××		高级讲师	137××××5543	6555.66	
36	0034	商融	办公室	23030219780601××××		高级讲师	131××××5544	6546.87	
37	0035	田申	办公室	23030219960801××××		中级讲师	133××××5545	4566.73	
38	0036	许崇睿	办公室	23030219810701××××		高级讲师	131××××5546	6566.25	
39	0037	许明	办公室	23030219770901××××		高级讲师	131××××5547	6574.52	
40	0038	张卉	办公室	23030219940601××××		助理讲师	138××××5548	3596.78	
41	0039	毕洁义	办公室	23030219740601××××		高级讲师	131××××5549	6577.57	
42	0040	董文绪	办公室	23030219730701××××		高级讲师	135××××5550	6588.36	
43	0041	付麟祥	现代服务系	23030219830201××××		中级讲师	139××××5551	4526.55	
44	0042	顾博文	现代服务系	23030219710801××××		高级讲师	131××××5552	6256.77	
45	0043	郭永祥	现代服务系	23030219720601××××		高级讲师	138××××5553	6515.99	
46	0044	纪峰	现代服务系	23030219950701××××		助理讲师	131××××5554	3596.56	
47	0045	李长军	现代服务系	23030219730901××××		高级讲师	189××××5555	6577.55	
48	0046	刘宇洋	现代服务系	23030219730301××××		高级讲师	136××××5556	6886.58	
49	0047	卢宏博	现代服务系	23030219730501××××		高级讲师	131××××5557	6556.22	
50	0048	吕炳炎	现代服务系	23030219830201××××		中级讲师	137××××5558	4557.17	
51	0049	曲春铭	现代服务系	23030219831101××××		高级讲师	131××××5559	6516.71	
52	0050	宋霁锟	现代服务系	23030219980501××××		助理讲师	187××××5560	3557.35	

图 4-4-4　“某技师学院职工工资表”数据信息

7. 利用 ROUND 函数将“工资总额”四舍五入到整数，并将数据放到“备注”列。

8. 利用 COUNTIF 函数求出各职称人数。

9. 利用 SUMIF 函数求出各职称工资总额。

10. 利用 AVERAGE 函数求出各职称平均工资额。

11. 对表格中的数据按“工资总额”进行升序排序。

12. 保存文件，将其命名为“某技师学院职工工资表”。

“某技师学院职工工资表”最终效果如图 4-4-5 所示。

职称	人数	工资总额	平均工资额
高级讲师	31	204534	6598
中级讲师	11	49758	4523
助理讲师	8	28529	3566

1	某技师学院职工工资表								
2	编号	姓名	部门	身份证号码	出生年月日	职称	联系电话	工资总额	备注
3	0027	毕浩南	机械工程系	23030219930501××××	19930501	助理讲师	186×××5537	3546.52	3547
4	0032	刘岩	办公室	23030219960801××××	19960801	助理讲师	135×××5542	3547.85	3548
5	0016	曹宇	电气工程系	23030219910801××××	19910801	助理讲师	131×××5526	3548.22	3548
6	0010	王兰兰	信息工程系	23030219930801××××	19930801	助理讲师	137×××5520	3548.27	3548
7	0050	宋霁锟	现代服务系	23030219980501××××	19980501	助理讲师	187×××5560	3557.35	3557
8	0003	关鹏	信息工程系	23030219920701××××	19920701	助理讲师	131×××5513	3586.58	3587
9	0044	纪峰	现代服务系	23030219950701××××	19950701	助理讲师	131×××5554	3596.56	3597
10	0038	张卉	办公室	23030219940601××××	19940601	助理讲师	138×××5548	3596.78	3597
11	0029	冯清扬	机械工程系	23030219830701××××	19830701	中级讲师	131×××5539	4258.69	4259
12	0022	徐玉森	机械工程系	23030219860701××××	19860701	中级讲师	131×××5532	4489.13	4489
13	0041	付麟祥	现代服务系	23030219830201××××	19830201	中级讲师	139×××5551	4526.55	4527
14	0015	张焱	电气工程系	23030219850301××××	19850301	中级讲师	156×××5525	4546.57	4547
15	0001	崔宝芳	信息工程系	23030219830201××××	19830201	中级讲师	131×××5511	4546.89	4547
16	0013	张浩	电气工程系	23030219821201××××	19821201	中级讲师	131×××5523	4548.87	4549
17	0048	吕炳炎	现代服务系	23030219830201××××	19830201	中级讲师	137×××5558	4557.17	4557
18	0025	羿宏德	机械工程系	23030219800401××××	19800401	中级讲师	131×××5535	4558.75	4559
19	0035	田申	办公室	23030219960801××××	19960801	中级讲师	133×××5545	4566.73	4567
20	0019	吴晟铭	电气工程系	23030219890601××××	19890601	中级讲师	131×××5529	4578.25	4578
21	0005	兰添	信息工程系	23030219860201××××	19860201	中级讲师	136×××5515	4578.54	4579
22	0042	顾博文	现代服务系	23030219710801××××	19710801	高级讲师	131×××5552	6256.77	6257
23	0043	郭永祥	现代服务系	23030219720601××××	19720601	高级讲师	138×××5553	6515.99	6516
24	0049	曲春铭	现代服务系	23030219831101××××	19831101	高级讲师	131×××5559	6516.71	6517
25	0021	邢立华	机械工程系	23030219711101××××	19711101	高级讲师	187×××5531	6523.79	6524
26	0026	张宝真	机械工程系	23030219720301××××	19720301	高级讲师	131×××5536	6526.54	6527
27	0002	单玉婷	信息工程系	23030219731001××××	19731001	高级讲师	132×××5512	6546.23	6546
28	0031	刘芯蕊	办公室	23030219780301××××	19780301	高级讲师	131×××5541	6546.87	6547
29	0034	商融	办公室	23030219780601××××	19780601	高级讲师	131×××5544	6546.87	6547
30	0020	夏永奇	电气工程系	23030219720501××××	19720501	高级讲师	131×××5530	6548.56	6549
31	0018	王睿	电气工程系	23030219750701××××	19750701	高级讲师	131×××5528	6551.63	6552
32	0033	芮苗苗	办公室	23030219700601××××	19700601	高级讲师	137×××5543	6555.66	6556
33	0047	卢宏博	现代服务系	23030219730501××××	19730501	高级讲师	131×××5557	6556.22	6556
34	0024	杨殿伟	机械工程系	23030219790901××××	19790901	高级讲师	159×××5534	6557.71	6558
35	0036	许崇睿	办公室	23030219810701××××	19810701	高级讲师	131×××5546	6566.25	6566
36	0030	李影	机械工程系	23030219750601××××	19750601	高级讲师	155×××5540	6572.77	6573
37	0037	许明	办公室	23030219770901××××	19770901	高级讲师	131×××5547	6574.52	6575
38	0023	许永军	机械工程系	23030219760501××××	19760501	高级讲师	131×××5533	6576.56	6577
39	0045	李长军	现代服务系	23030219730901××××	19730901	高级讲师	189×××5555	6577.55	6578
40	0039	毕洁义	办公室	23030219740601××××	19740601	高级讲师	131×××5549	6577.57	6578
41	0040	董文绪	办公室	23030219730701××××	19730701	高级讲师	135×××5550	6588.36	6588
42	0007	刘臻	信息工程系	23030219771001××××	19771001	高级讲师	136×××5517	6596.36	6596
43	0028	崔天生	机械工程系	23030219710401××××	19710401	高级讲师	131×××5538	6596.55	6597
44	0017	刁成富	电气工程系	23030219740101××××	19740101	高级讲师	138×××5527	6596.56	6597
45	0006	李红艳	信息工程系	23030219710201××××	19710201	高级讲师	131×××5516	6626.15	6626
46	0009	王鸿月	信息工程系	23030219780901××××	19780901	高级讲师	131×××5519	6632.35	6632
47	0011	王泽民	电气工程系	23030219710201××××	19710201	高级讲师	131×××5521	6658.73	6659
48	0014	张清雅	电气工程系	23030219770901××××	19770901	高级讲师	139×××5524	6753.69	6754
49	0008	米仓蕃	信息工程系	23030219750301××××	19750301	高级讲师	131×××5518	6759.23	6759
50	0012	项阳	电气工程系	23030219720601××××	19720601	高级讲师	131×××5522	6775.26	6775
51	0004	韩修铭	信息工程系	23030219720601××××	19720601	高级讲师	131×××5514	6865.25	6865
52	0046	刘宇洋	现代服务系	23030219730301××××	19730301	高级讲师	136×××5556	6886.58	6887

图 4-4-5 “某技师学院职工工资表”最终效果

七、知识巩固与提高

1. 在 Excel 表格中，对单元格输入公式时，需要以（　　）符号开头。

A. =　　B. +

C. -　　D. *

2. 在 Excel 表格中，对单元格输入的公式可以包括（　　）、引用、运算符和常量等。

A. 函数　　B. 单元格

C. 工作表　　D. 行

3. Excel 2021 软件提供了（　　）引用、绝对引用和混合引用三种引用方式。

A. 相对　　B. 交叉

C. 复合　　D. 向上

4. 在 Excel 2021 软件提供的函数中，求各参数之和可以使用（　　）函数。

A. AVERAGE　　B. SUM

C. MIX　　D. MIN

5. 在 Excel 2021 软件提供的函数中，求各参数的最大值可以使用（　　）函数。

A. AVERAGE　　B. SUM

C. MAX　　D. MIN

6. 在 Excel 2021 软件提供的函数中，统计符合条件的单元格数目的函数是（　　）。

A. SUMIF　　B. COUNTIF

C. ROUND　　D. MID

7. 在 Excel 表格中，如果要输入一些带有规律性的数据或文本，可使用（　　）功能。

A. 条件格式　　B. 替换

C. 自动填充　　D. 排序

8. 在 Excel 2021 软件中自行定义带有规律性的文本内容作为填充序列，可单击“文件”选项卡下的（　　）命令，在打开的对话框中单击“编辑自定义列表”按钮，在弹出的对话框中输入自定义序列内容。

A. 保存　　B. 选择

C. 选项　　D. 项目

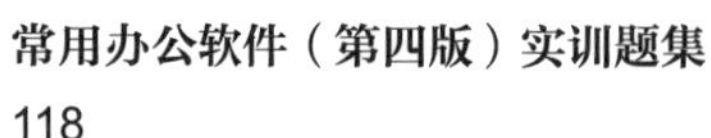

9. 在使用 Excel 2021 软件处理数据时，经常要对数据进行排序处理，最快捷的方法是使用工具栏中的（　　）按钮。

A. 排序　　B. 筛选

C. 分类汇总　　D. 格式

10. 在 Excel 2021 软件中，数据的排序可分为单条件排序和（　　）条件排序。

A. 双　　B. 三

C. 多　　D. 复杂

实训任务 5

制作“平面设计专业第一学期成绩统计表”并打印输出

一、实训任务

某技师学院信息工程系平面设计专业第一学期考试结束，需要对学生的考试成绩进行汇总，完成平面设计专业第一学期成绩统计表的制作及打印。要求教务处工作人员在 30 min 内，根据平面设计专业第一学期成绩统计表，如图 4–5–1 所示，应用 Excel 2021 软件进行数据录入、表格美化、数据计算、条件格式设置、页面设置及打印等操作，最终效果如图 4–5–2 所示。

	A	B	C	D	E	F	G	H	I	J	K	L
1	平面设计专业第一学期成绩统计表											
2	学号	姓名	德育	体育	语文	办公软件	PS基础	CAD基础	美术	总分	平均分	名次
3	2021001	毕玉洁	84	95	67	0	83	84	89			
4	2021002	董成绪	98	98	72	62	66	98	74			
5	2021003	付忠祥	68	71	49	17	84	85	86			
6	2021004	顾晓文	79	65	20	15	90	79	76			
7	2021005	郭小达	82	88	50	87	87	82	78			
8	2021006	纪丛峰	98	87	89	28	26	67	72			
9	2021007	李军	76	98	94	92	90	76	81			
10	2021008	刘宇	83	66	87	78	71	83	72			
11	2021009	卢博	60	93	84	12	90	60	73			
12	2021010	吕新炎	88	95	74	88	89	80	81			
13	2021011	曲明义	90	98	79	69	66	90	87			
14	2021012	宋新军	64	76	60	44	40	64	92			
15	2021013	王建军	87	68	32	82	85	87	81			
16	2021014	王新宏	99	89	60	88	93	99	90			
17	2021015	徐旭东	16	97	68	93	92	16	77			
18	2021016	闫博宇	81	99	95	80	80	81	84			
19	2021017	袁明忠	84	85	79	83	87	84	79			
20	2021018	郑彬彬	82	92	87	92	90	13	85			
21	2021019	黄婷婷	76	67	65	88	85	76	78			
22	2021020	贾悦琳	87	69	51	94	93	87	78			
23	2021021	李毓杰	64	53	55	5	60	64	85			
24	2021022	李勇	81	48	71	60	66	13	89			
25	2021023	孙卓铭	93	62	93	91	88	93	77			
26	2021024	王翠萍	66	68	92	86	83	66	80			
27	2021025	王悦玥	87	69	80	84	82	78	82			
28	2021026	杨文	92	69	87	67	86	84	86			
29	2021027	于雪	72	64	90	83	82	85	75			
30	2021028	毕盛南	62	90	85	88	87	87	88			
31	2021029	崔玉生	66	67	93	75	68	79	83			
32	2021030	冯文静	79	83	60	78	73	90	91			

图 4–5–1　平面设计专业第一学期成绩统计表

平面设计专业第一学期成绩统计表

学号	姓名	德育	体育	语文	办公软件	PS基础	CAD基础	美术	总分	平均分	名次
2021001	毕玉洁	84	95	67	0	83	84	89	502	72	22
2021002	董成绪	98	98	72	62	66	98	74	568	81	10
2021003	付忠祥	68	71	49	17	84	85	86	460	66	25
2021004	顾晓文	79	65	20	15	90	79	76	424	61	29
2021005	郭小达	82	88	50	87	87	82	78	554	79	13
2021006	纪丛峰	98	87	89	28	26	67	72	467	67	24
2021007	李军	76	98	94	92	90	76	81	607	87	2
2021008	刘宇	83	66	87	78	71	83	72	540	77	18
2021009	卢博	60	93	84	12	90	60	73	472	67	23
2021010	吕新炎	88	95	74	88	89	80	81	595	85	5
2021011	曲明义	90	98	79	69	66	90	87	580	83	8
2021012	宋新军	64	76	60	44	40	64	92	441	63	27
2021013	王建军	87	68	32	82	85	87	81	521	74	21
2021014	王新宏	99	89	60	88	93	99	90	618	88	1
2021015	徐旭东	16	97	68	93	92	16	77	460	66	26
2021016	闫博宇	81	99	95	80	80	81	84	600	86	3
2021017	袁明忠	84	85	79	83	87	84	79	582	83	7
2021018	郑彬彬	82	92	87	92	90	13	85	541	77	17
2021019	黄婷婷	76	67	65	88	85	76	78	535	76	19
2021020	贾悦琳	87	69	51	94	93	87	78	559	80	12
2021021	李毓杰	64	53	55	5	60	64	85	386	55	30
2021022	李勇	81	48	71	60	66	13	89	428	61	28
2021023	孙卓铭	93	62	93	91	88	93	77	597	85	4
2021024	王翠萍	66	68	92	86	83	66	80	541	77	16
2021025	王悦玥	87	69	80	84	82	78	82	563	80	11
2021026	杨文	92	69	87	67	86	84	86	571	82	9
2021027	于雪	72	64	90	83	82	85	75	552	79	15
2021028	毕盛南	62	90	85	88	87	87	88	587	84	6
2021029	崔玉生	66	67	93	75	68	79	83	530	76	20
2021030	冯文静	79	83	60	78	73	90	91	553	79	14

图 4-5-2　最终效果

二、任务分析

要完成本实训任务，应按照图 4-5-3 所示的思维导图复习教材中所学的知识点和技能点。

本实训任务是根据某技师学院信息工程系平面设计专业学生成绩信息，使用 Excel 2021 软件，在文档中录入数据信息，并对录入数据信息的字体、字号、字形、居中方式、边框等进行美化，对录入的数据进行求和、计算平均值、排序、条件格式设置等处理，并进行页面设置及打印等操作，最后保存文件。

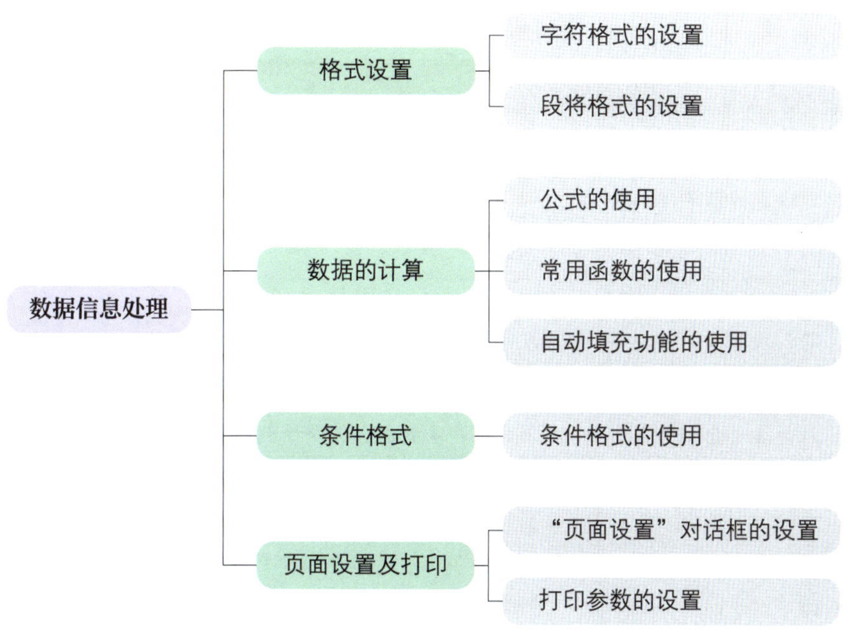

图 4-5-3　思维导图

三、计划制订

根据任务分析，学生自己制订完成本实训任务的实训计划，并填写在表 4-5-1 中。

表 4-5-1　实训计划

序号	工作内容	所需时间

四、操作步骤提示

本实训任务的操作步骤提示见表 4-5-2。

表 4-5-2 操作步骤提示

序号	操作步骤	内容
1	录入数据	打开 Excel 2021 软件，在工作区中录入数据
2	设置标题字符、段落格式	选择标题所占单元格，合并单元格，设置标题字体为“黑体”，字号为“20”，字形为“加粗”，字体颜色为“红色”，对齐方式为“居中”
3	设置表内数据字符、段落格式	设置表内数据，字体为“华文中宋”，字号为“14”，字体颜色为“黑色”，对齐方式为“居中”
4	设置表格边框线	选择表内数据，设置外框线为“粗实线”，内框线为“细实线”
5	计算总分和平均分	利用公式和函数求出总分和平均分
6	排名次	利用 RANK 函数填写名次列
7	条件格式设置	选择各科成绩，设置 85 分以上成绩格式，填充为“蓝色”，字形为“加粗”；设置 60 分以下成绩格式，填充为“粉色”，字形为“加粗”
8	页面设置及打印	设置页面纸张大小为“A4 纸”，纸张方向为“纵向”，页边距为“上：1.5、下：1.5、左：1.5、右：1.5”
9	保存文件	保存文件到 D 盘，将其命名为“平面设计专业第一学期成绩统计表”

五、总结与评价

实训完成后，学生展示作品，解说完成实训过程中的心得体会。展示完毕，可以从软件操作、作品效果、成果展示等方面对该实训任务进行评价，采用学生自评、学生互评、教师评价相结合的多元评价方式，见表 4-5-3。

表 4-5-3 实训评价

序号	评价要求	分值	学生自评（占比 30%）	学生互评（占比 30%）	教师评价（占比 40%）
1	能准确分析实训任务要求	10			
2	能熟练运用软件，操作设置准确	10			
3	能熟练设置字符格式、段落格式	10			
4	能熟练使用公式	10			
5	能熟练使用常用函数	20			
6	能熟练引用单元格和自动填充功能	10			
7	能熟练使用条件格式功能	10			

续表

序号	评价要求	分值	学生自评（占比 30%）	学生互评（占比 30%）	教师评价（占比 40%）
8	能熟练设置页面及打印参数	10			
9	能熟练进行效果展示及作品解说	10			
综合得分		100			

六、实训拓展

根据图 4–5–4 所示给定的数据信息，利用 Excel 2021 软件完成表格数据的计算、条件格式设置、页面参数设置及打印设置等操作。

	A	B	C	D	E	F	G	H	I
1	某单位员工月工资情况汇总表								
2	序号	姓名	性别	技术职称	基本工资	车费补助	话费补助	奖金	实发工资
3	1	陶芃屹	男	高工	3000	200	200	500	
4	2	何洋	女	高工	3000	200	200	500	
5	3	王玮明	男	技师	3500	300	300	600	
6	4	王国龙	男	中级工	2500	100	100	400	
7	5	郭江峰	男	中级工	2500	100	100	400	
8	6	李梅	女	高工	3000	200	200	500	
9	7	付双鑫	男	高工	3000	200	200	500	
10	8	朱哲宇	男	高工	3000	200	200	500	
11	9	高也	男	技师	3500	300	300	600	
12	10	李栋鸣	男	高工	3000	200	200	500	
13	11	尹君	女	高工	3000	200	200	500	
14	12	王丽	女	技师	3500	300	300	600	
15	13	曹正平	男	中级工	2500	100	100	400	
16	14	王柏弘	男	技师	3500	300	300	600	
17	15	李雨婷	女	技师	3500	300	300	600	

图 4–5–4　“某单位员工月工资情况汇总表”数据信息

操作提示及要求如下。

1. 打开图 4–5–4 所示表格中的数据信息。

2. 利用公式计算“实发工资”。

3. 利用条件格式，对“基本工资”大于“3 000”的数据进行格式设置，字形为“加粗”，底纹颜色为“浅粉色”；对“车费补助”和“话费补助”小于“300”的数据进行格式设置，字形为“加粗”，底纹颜色为“浅蓝色”。

4. 在“页面设置”对话框中，设置纸张为“B5”，纸张方向为“横向”，页眉为“左侧”；对“某设计公司业务部”文字进行设置，字体为“黑体”，字号为“14”，字形为“加粗”；页脚为“居中”，对“第 1 页”文字进行设置，字体为“隶书”，字号为“12”，字形为“加粗”，居中方式勾选“水平居中”和“垂直居中”。

5. 在打印参数中，设置打印份数为“5 份”，并选择“打印选定区域”。

6. 保存文件，将其命名为“某单位员工月工资情况汇总表”。

“某单位员工月工资情况汇总表”最终效果如图 4-5-5 所示。

某设计公司业务部

某单位员工月工资情况汇总表

序号	姓名	性别	技术职称	基本工资	车费补助	话费补助	奖金	实发工资
1	陶芃屹	男	高工	3000	**200**	**200**	500	3900
2	何洋	女	高工	3000	**200**	**200**	500	3900
3	王玮明	男	技师	**3500**	300	300	600	4700
4	王国龙	男	中级工	2500	**100**	**100**	400	3100
5	郭江峰	男	中级工	2500	**100**	**100**	400	3100
6	李梅	女	高工	3000	**200**	**200**	500	3900
7	付双鑫	男	高工	3000	**200**	**200**	500	3900
8	朱哲宇	男	高工	3000	**200**	**200**	500	3900
9	高也	男	技师	**3500**	300	300	600	4700
10	李栋鸣	男	高工	3000	**200**	**200**	500	3900
11	尹君	女	高工	3000	**200**	**200**	500	3900
12	王丽	女	技师	**3500**	300	300	600	4700
13	曹正平	男	中级工	2500	**100**	**100**	400	3100
14	王柏弘	男	技师	**3500**	300	300	600	4700
15	李雨婷	女	技师	**3500**	300	300	600	4700

第 1 页

图 4-5-5 “某单位员工月工资情况汇总表”最终效果

七、知识巩固与提高

1. 在 Excel 2021 软件中，条件格式功能可以迅速为某些满足条件的（　　）设定某项格式。

A. 公式　　B. 单元格或单元格区域

C. 数据　　D. 文本

2. 在 Excel 2021 软件中，在条件格式选择“小于”时，打开“小于”对话框，在“小于”对话框的输入框中自动出现一个数值，该数值为所选区域全部数值的（　　）。

A. 最大值　　B. 最小值

C. 平均值　　D. 总和

3. 在 Excel 2021 软件中，通过“页面设置”对话框中的“页面”选项卡可以设置打印方向、缩放比例、(　　) 等参数。

A. 纸张大小　　B. 工作表

C. 页脚　　D. 页边距

4. 在 Excel 2021 软件中，“页面设置”对话框中的“页边距”选项卡除了可以设置上、下、左、右边距外，还可以设置 (　　)。

A. 页脚　　B. 居中方式

C. 页眉　　D. 纸张大小

5. 在 Excel 2021 软件中，打印工作表时，如果页面内容太多，一页打印不下，还想将所有内容打印在一页内，可以采用将需要打印的区域选中，将打印参数的 (　　) 设置为“将工作表调整为一页”即可。

A. 缩放工作表　　B. 合并

C. 调整　　D. 无缩放

实训任务 6

利用图表分析“家电商场 8 月销售额”占比情况并打印图表

一、实训任务

茂华家电商场经过 8 月销售竞赛后，商场经理想要看到每一种家电在 8 月的销售总额占比情况。要求商场财务人员在 20 min 内，根据茂华家电商场 8 月销售统计表，如图 4-6-1 所示，应用 Excel 2021 软件进行数据录入、表格美化、创建图表及图表美化、图表打印等操作，最终效果如图 4-6-2 所示。

	A	B	C	D	E
1	茂华家电商场 8 月销售统计表				
2	编号	品名	单价	销售量	销售金额（元）
3	G001	组合音响	6588	87	573156
4	G002	数码照相机	6500	103	669500
5	G003	空调机	3190	459	1464210
6	G004	冰箱	2880	268	771840
7	G005	电视机	2150	385	827750
8	G006	洗衣机	1950	211	411450

图 4-6-1 茂华家电商场 8 月销售统计表

	A	B	C	D	E
1	茂华家电商场 8 月销售统计表				
2	编号	品名	单价	销售量	销售金额（元）
3	G001	组合音响	6588	87	573156
4	G002	数码照相机	6500	103	669500
5	G003	空调机	3190	459	1464210
6	G004	冰箱	2880	268	771840
7	G005	电视机	2150	385	827750
8	G006	洗衣机	1950	211	411450

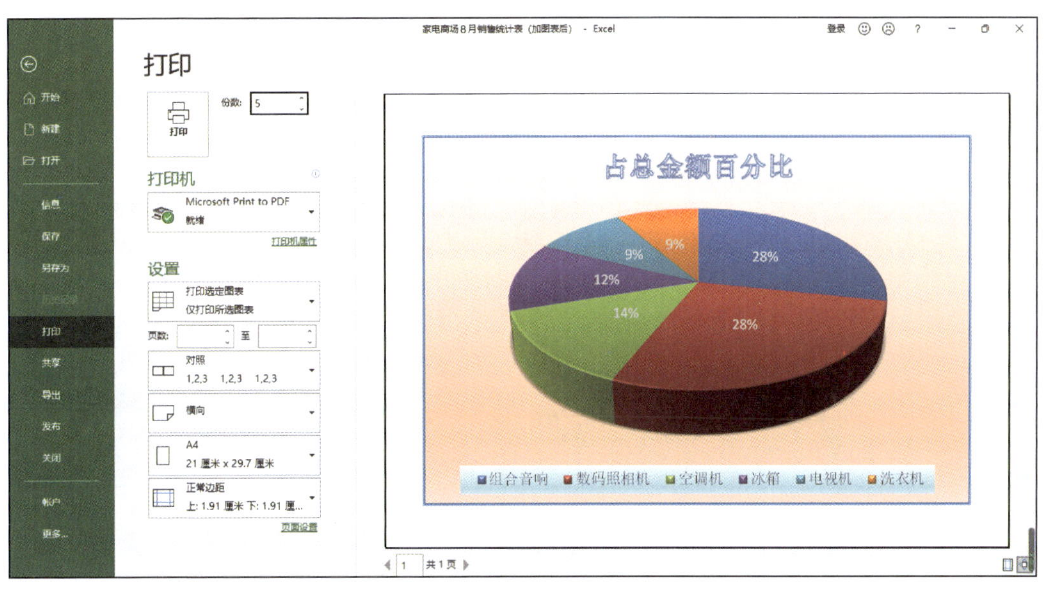

图 4-6-2　最终效果

二、任务分析

要完成本实训任务，应按照图 4-6-3 所示的思维导图复习教材中所学的知识点和技能点。

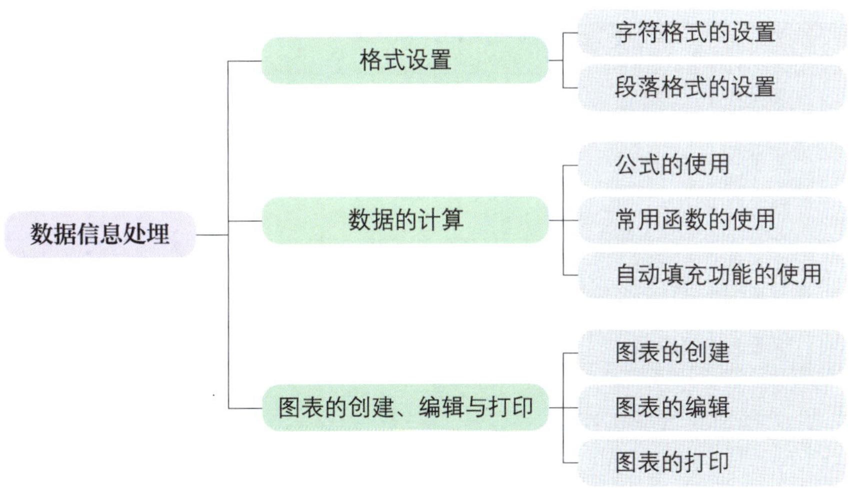

图 4-6-3　思维导图

本实训任务是根据茂华家电商场 8 月销售统计表数据，使用 Excel 2021 软件，在文档中录入数据信息，并对录入数据信息的字体、字号、字形、居中方式、边框等进行美化，对录入的数据进行公式计算，依据表格数据创建图表、美化图表及打印等操作，最后保存文件。

三、计划制订

根据任务分析，学生自己制订完成本实训任务的实训计划，并填写在表 4–6–1 中。

表 4–6–1　实训计划

序号	工作内容	所需时间

四、操作步骤提示

本实训任务的操作步骤提示见表 4–6–2。

表 4–6–2　操作步骤提示

序号	操作步骤	内容
1	录入数据	打开 Excel 2021 软件，在工作区中录入数据
2	设置标题字符、段落格式	选择标题所占单元格，合并单元格，设置标题字体为“黑体”，字号为“16”，字形为“加粗”，字体颜色为“蓝色”，对齐方式为“居中”
3	设置表内数据字符、段落格式	设置表内数据，字体为“隶书”，字号为“14”，字体颜色为“黑色”，对齐方式为“居中”
4	设置表格边框线	选择表内数据，设置内外框线为“细实线”
5	计算销售金额	利用公式或函数计算出销售金额
6	创建及美化图表	创建图表，各项设置如下： （1）设置图表类型为“三维饼图”，设置图表样式为“样式 7” （2）设置图表区格式，填充为“浅色渐变 – 个性色 6”，边框为“实线”，宽度为“1.75”，复合类型为“由细到粗”，颜色为“蓝色” （3）将图表标题改为“占总金额百分比”，艺术字样式设置为“填充：白色；边框：蓝色，主题色 1；发光：蓝色，主题色 1” （4）设置图例格式，设置图例位置为“底部”，填充为“渐变填充”渐变预设为“浅色渐变 – 个性色 5”，文本填充为“深蓝色”

续表

序号	操作步骤	内容
7	打印图表	打印 5 份图表
8	保存文件	保存文件到 D 盘，将其命名为“家电商场 8 月销售统计表”

五、总结与评价

实训完成后，学生展示作品，解说完成实训过程中的心得体会。展示完毕，可以从软件操作、作品效果、成果展示等方面对该实训任务进行评价，采用学生自评、学生互评、教师评价相结合的多元评价方式，见表 4–6–3。

表 4–6–3　实训评价

序号	评价要求	分值	学生自评（占比 30%）	学生互评（占比 30%）	教师评价（占比 40%）
1	能准确分析实训任务要求	10			
2	能熟练运用软件，操作设置准确	10			
3	能熟练设置字符格式、段落格式	10			
4	能熟练使用公式及常用函数	10			
5	能熟练创建图表	20			
6	能熟练美化图表	20			
7	能熟练打印图表	10			
8	能熟练进行效果展示及作品解说	10			
综合得分		100			

六、实训拓展

根据图 4–6–4 所示给定的数据信息，利用 Excel 2021 软件完成表格数据的录入、数据的美化、图表的创建及美化、图表打印等操作。

	A	B	C	D	E	F	G	H	I	J	K	L	M
1	某公司销售小组2021年销售额完成情况统计表												
2	小组名称	1月	2月	3月	4月	5月	6月	7月	8月	9月	10月	11月	12月
3	A组	220	450	165	376	781	576	645	548	859	587	821	690
4	B组	768	779	165	643	596	507	688	301	655	623	489	301
5	C组	398	399	165	609	759	982	487	252	433	758	587	299
6	D组	797	598	165	867	486	785	503	418	699	899	933	655
7													
8													

图 4–6–4　“某公司销售小组 2021 年销售额完成情况统计表”数据信息

操作提示及要求如下。

1. 录入图 4–6–4 所示表格中的数据信息。

2. 设置标题文字，将 A1:M1 单元格合并，设置字体为“华文中宋”，字号为“22”，字形为“加粗”，字体颜色为“绿色”，对齐方式为“居中”。

3. 设置表内文字，设置字体为“华文细黑”，字号为“16”，字体颜色为“蓝色”，对齐方式为“居中”；根据数据内容适当调整列宽。

4. 设置表格外框线为“粗实线”，颜色为“黑色”，表格内框线为“细实线”，颜色为“深蓝色”。

5. 创建图表，设置图表类型为“带数据标记的折线图”；设置图表标题为“销售额完成情况统计图”。

6. 美化图表，设置图表区格式，填充为“渐变填充”“浅色渐变 – 个性色 3”；边框为“渐变线”“中等渐变 – 个性色 2”，线宽为“1.75”；设置图例格式，填充为“中等渐变 – 个性色 5”。

7. 打印 10 份图表。

8. 保存文件，将其命名为“某公司销售小组 2021 年销售额完成情况统计表”。

“某公司销售小组 2021 年销售额完成情况统计表”最终效果如图 4–6–5 所示。

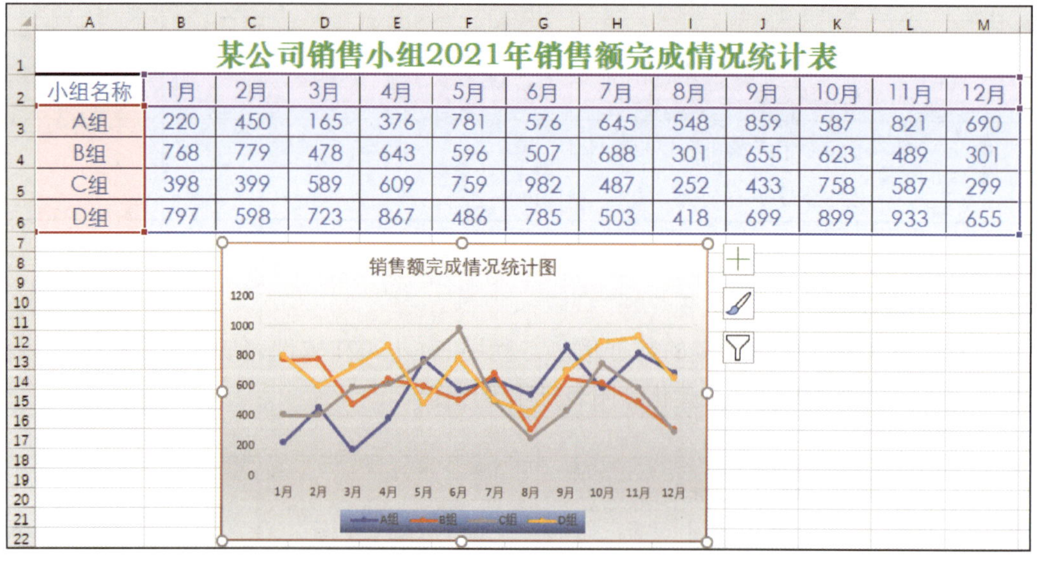

某公司销售小组2021年销售额完成情况统计表

小组名称	1月	2月	3月	4月	5月	6月	7月	8月	9月	10月	11月	12月
A组	220	450	165	376	781	576	645	548	859	587	821	690
B组	768	779	478	643	596	507	688	301	655	623	489	301
C组	398	399	589	609	759	982	487	252	433	758	587	299
D组	797	598	723	867	486	785	503	418	699	899	933	655

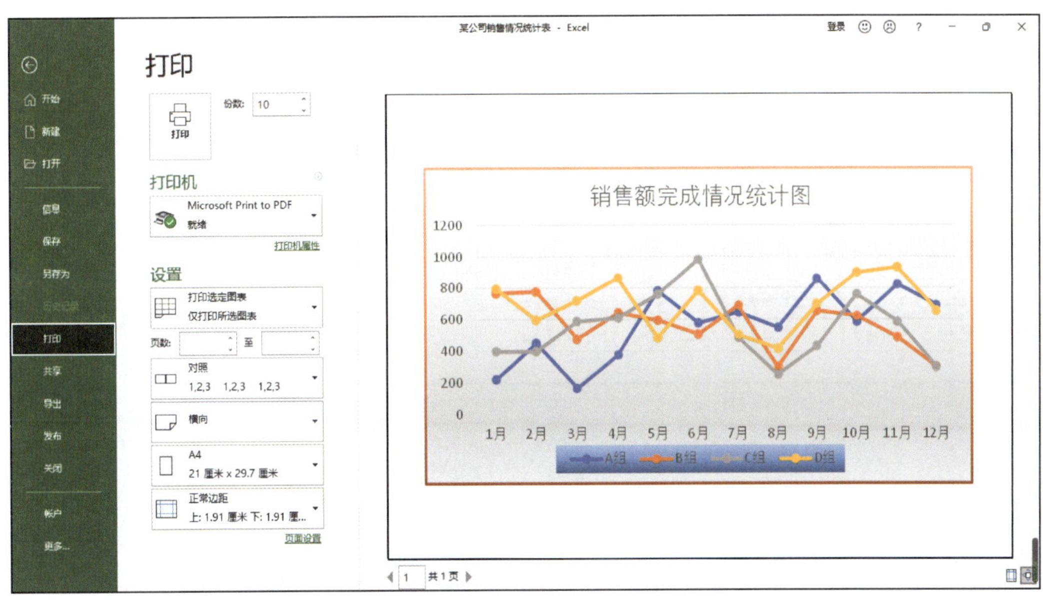

图 4-6-5 “某公司销售小组 2021 年销售额完成情况统计表”最终效果

七、知识巩固与提高

1. 在 Excel 2021 软件中，图表在（　　）选项卡下。

A. 开始　　B. 数据　　C. 插入　　D. 公式

2. 作为 Excel 2021 软件最主要的数据分析工具之一，（　　）可以将抽象的数据图表化，有助于用户分析数据、查看数据的差异和预测发展趋势等。

A. 函数　　B. 条件格式

C. 排序　　D. 图表

3. 不同的图表类型可以用于不同的显示目的，将光标指向某一图表按钮停留片刻，即可查看对图表功能的（　　）。

A. 说明　　B. 详细介绍

C. 解释　　D. 简介

4. 创建出一个统计图表后，文档窗口中出现“（　　）”和“格式”选项卡，可对图表进行美化处理，如图表样式、图表布局、形状样式、排列等设置。

A. 数据　　B. 图表设计

C. 设计　　D. 图表工具

5. 在 Excel 图表操作中，可设置图表区域格式、绘图区域格式、坐标轴格式和（　　）格式。

A. 图例　　B. 打印　　C. 条件　　D. 页面布局

实训任务 7
筛选分析员工工资情况

一、实训任务

某公司领导需要了解本部门员工不同条件下的工资情况。要求财务人员在 20 min 内，根据某公司员工工资表，如图 4-7-1 所示，应用 Excel 2021 软件进行数据的自动筛选和高级筛选操作，最终效果如图 4-7-2 所示。

	A	B	C	D	E	F	G	H	I	J	K
1	某公司员工工资表										
2	员工号	姓名	学历	工作年限	基本工资	奖金	加班费	住房补贴	岗位工资	扣医疗保险	扣住房公基金
3	0001	王平	本科	15	3000	1500	500	400	500	150	400
4	0002	李欣欣	本科	14	3000	1500	0	400	500	150	400
5	0003	张晓华	本科	15	3000	2000	300	400	1000	150	400
6	0004	王欣乐	本科	15	3000	2000	500	400	1000	150	400
7	0005	李可可	专科	13	3000	1500	400	400	500	150	400
8	0006	张大伟	本科	4	2000	1000	500	400	500	150	400
9	0007	于文才	本科	5	2000	1000	500	400	500	150	400
10	0008	赵晓丽	专科	4	2000	1000	0	400	500	150	400
11	0009	周莉莉	本科	7	2000	2000	500	400	500	150	400
12	0010	姚一萍	本科	11	3000	1500	500	400	500	150	400
13	0011	曲欣阳	本科	15	3000	2000	300	400	1000	150	400
14	0012	杨晓晓	专科	5	2000	1000	500	400	500	150	400
15	0013	杨乐乐	本科	15	3000	2000	0	400	500	150	400
16	0014	夏天	本科	15	3000	2000	500	400	500	150	400
17	0015	孙晓波	本科	5	2000	1000	400	400	500	150	400
18	0016	郑彬	本科	13	3000	1500	500	400	500	150	400
19	0017	崔莺莺	本科	15	3000	2000	0	400	500	150	400
20	0018	秦娟	本科	12	3000	1500	500	400	500	150	400

图 4-7-1　某公司员工工资表

	A	B	C	D	E	F	G	H	I	J	K
1	某公司员工工资表										
2	员工号	姓名	学历	工作年限	基本工资	奖金	加班费	住房补贴	岗位工资	扣医疗保险	扣住房公基金
3	0001	王平	本科	15	3000	1500	500	400	500	150	400
4	0002	李欣欣	本科	14	3000	1500	0	400	500	150	400
5	0003	张晓华	本科	15	3000	2000	300	400	1000	150	400
6	0004	王欣乐	本科	15	3000	2000	500	400	1000	150	400
7	0010	姚一萍	本科	11	3000	1500	500	400	500	150	400
8	0011	曲欣阳	本科	15	3000	2000	300	400	1000	150	400
9	0013	杨乐乐	本科	15	3000	2000	0	400	500	150	400
10	0014	夏天	本科	15	3000	2000	500	400	500	150	400
11	0016	郑彬	本科	13	3000	1500	500	400	500	150	400
12	0017	崔莺莺	本科	15	3000	2000	0	400	500	150	400
13	0018	秦娟	本科	12	3000	1500	500	400	500	150	400

	A	B	C	D	E	F	G	H	I	J	K
1	某公司员工工资表										
2	员工号	姓名	学历	工作年限	基本工资	奖金	加班费	住房补贴	岗位工资	医疗保	扣住房公基金
3	0001	王平	本科	15	3000	1500	500	400	500	150	400
4	0002	李欣欣	本科	14	3000	1500	0	400	500	150	400
11	0009	周莉莉	本科	7	2000	2000	500	400	500	150	400
12	0010	姚一萍	本		3000	1500	500	400	500	150	400
15	0013	杨乐乐	本		3000	2000	0	400	500	150	400
16	0014	夏天	本		3000	2000	500	400	500	150	400
18	0016	郑彬	本科	13	3000	1500	500	400	500	150	400
19	0017	崔莺莺	本科	15	3000	2000	0	400	500	150	400
20	0018	秦娟	本科	12	3000	1500	500	400	500	150	400
21											
22											
23											
24							学历	奖金	岗位工资		
25							本科	>=1500	<1000		
26											

提示
您输入的信息应为"本科""专科""研究生"或"中专"!

图 4-7-2　最终效果

二、任务分析

要完成本实训任务，应按照图 4-7-3 所示的思维导图复习教材中所学的知识点和技能点。

图 4-7-3　思维导图

本实训任务是根据某公司员工工资表数据，使用 Excel 2021 软件，在文档中根据已有数据信息，对数据进行自动筛选和高级筛选，完成按不同条件选择需要数据的操作，最后保存文件。

三、计划制订

根据任务分析，学生自己制订完成本实训任务的实训计划，并填写在表 4–7–1 中。

表 4–7–1　实训计划

序号	工作内容	所需时间

四、操作步骤提示

本实训任务的操作步骤提示见表 4–7–2。

表 4–7–2　操作步骤提示

序号	操作步骤	内容
1	打开文件	打开“某公司员工工资”数据信息
2	自动筛选	筛选出“学历”是“本科”，“基本工资”大于“2 000”的员工工资数据信息，将筛选结果复制到新的工作表中
3	高级筛选	筛选出“学历”是“本科”，“奖金”≥1 500，“岗位工资”<1 000 的员工工资数据信息，将筛选结果复制到新的工作表中
4	保存文件	保存文件到 D 盘，将其命名为“某公司员工工资表”

五、总结与评价

实训完成后，学生展示作品，解说完成实训过程中的心得体会。展示完毕，可以从软件操作、作品效果、成果展示等方面对该实训任务进行评价，采用学生自评、学生互评、教师评价相结合的多元评价方式，见表 4–7–3。

表 4-7-3　实训评价

序号	评价要求	分值	学生自评（占比 30%）	学生互评（占比 30%）	教师评价（占比 40%）
1	能准确分析实训任务要求	10			
2	能熟练运用软件，操作设置准确	10			
3	能熟练设置自动筛选	30			
4	能熟练设置高级筛选	40			
5	能熟练进行效果展示及作品解说	10			
综合得分		100			

六、实训拓展

根据图 4-7-4 所示给定的数据信息，利用 Excel 2021 软件完成表格数据的自动筛选和高级筛选等操作。

	某公司产品产量表（单位：台）			
1	某公司产品产量表（单位：台）			
2	月份	产品1产量	产品2产量	产品3产量
3	1	106	103	90
4	2	89	90	100
5	3	108	79	80
6	4	98	89	105
7	5	109	105	106
8	6	95	107	100
9	7	92	95	89
10	8	97	98	99
11	9	103	99	90
12	10	83	100	89
13	11	91	101	102
14	12	84	106	107

图 4-7-4　“某公司产品产量表”数据信息

操作提示及要求如下。

1. 打开图 4-7-4 所示表格中的数据信息。

2. 自动筛选，筛选出“产品 1 产量”“产品 2 产量”和“产品 3 产量”均大于 100 台的月份数据，并将筛选出的数据复制到新的工作表中。

3. 高级筛选，筛选出“产品 1 产量”大于或等于 100 并且“产品 2 产量”大于 90 并且“产品 3 产量”小于 100 的月份数据，并将筛选出的数据复制到新的工作表中。

4. 保存文件，将其命名为“某公司产品产量表”。

“某公司产品产量表”最终效果如图 4-7-5 所示。

	A	B	C	D
1	某公司产品产量表（单位：台）			
2	月份	产品1产量	产品2产量	产品3产量
3	5	109	105	106

	A	B	C	D
1	某公司产品产量表（单位：台）			
2	月份	产品1产量	产品2产量	产品3产量
3	1	106	103	90
4	9	103	99	90
5				
6				
7	产品1产量	产品2产量	产品3产量	
8	>=100	>90	<100	

图 4-7-5 “某公司产品产量表”最终效果

七、知识巩固与提高

1. 在 Excel 2021 软件中，筛选功能在（　　）选项卡下。

A. 开始　　B. 数据

C. 插入　　D. 公式

2. 单击“数据”选项卡下的（　　）按钮，在数据表格区域中的各列标题单元格右侧均会出现一个下拉按钮，使用鼠标左键单击该按钮可以设置相应列中的数据筛选条件。

A. 高级　　B. 排序

C. 筛选　　D. 图表

3. 利用（　　）可以在当前或其他工作表的任何位置建立条件区域，根据该条件进行筛选。条件区域至少应有两行，且首行应与数据表格相应的列标题一致。

A. 高级筛选　　B. 筛选

C. 排序　　D. 图表

4. 在高级筛选设置的条件区域中，在同一行的条件关系为逻辑（　　）。

A. 与　　B. 或

C. 非　　D. 并且

5. 在高级筛选设置的条件区域中，不在同一行的条件关系为逻辑（　　）。

A. 与　　B. 或

C. 非　　D. 并且

实训任务 8
汇总分析茶叶年产量

一、实训任务

某茶叶生产基地需要汇总不同品级茶叶的年生产量情况。要求工作人员在 10 min 内，根据某茶叶生产基地产量表，如图 4-8-1 所示，应用 Excel 2021 软件进行数据的排序和分类汇总操作，最终效果如图 4-8-2 所示。

某茶叶生产基地产量表		
茶叶名称	茶叶品级	生产量（吨）
茶叶1	一等	6
茶叶2	二等	3
茶叶3	二等	2
茶叶4	一等	2
茶叶5	三等	3
茶叶6	二等	3
茶叶7	一等	5
茶叶8	三等	6
茶叶9	二等	1
茶叶10	三等	3
茶叶11	一等	2
茶叶12	三等	6
茶叶13	二等	3

图 4-8-1 某茶叶生产基地产量表

	A	B	C
1	某茶叶生产基地产量表		
2	茶叶名称	茶叶品级	生产量（吨）
3	茶叶2	二等	3
4	茶叶3	二等	2
5	茶叶6	二等	3
6	茶叶9	二等	1
7	茶叶13	二等	3
8		二等 汇总	12
9	茶叶5	三等	3
10	茶叶8	三等	6
11	茶叶10	三等	3
12	茶叶12	三等	6
13		三等 汇总	18
14	茶叶1	一等	6
15	茶叶4	一等	2
16	茶叶7	一等	5
17	茶叶11	一等	2
18		一等 汇总	15
19		总计	45

图 4-8-2 最终效果

二、任务分析

要完成本实训任务，应按照图 4-8-3 所示的思维导图复习教材中所学的知识点和技能点。

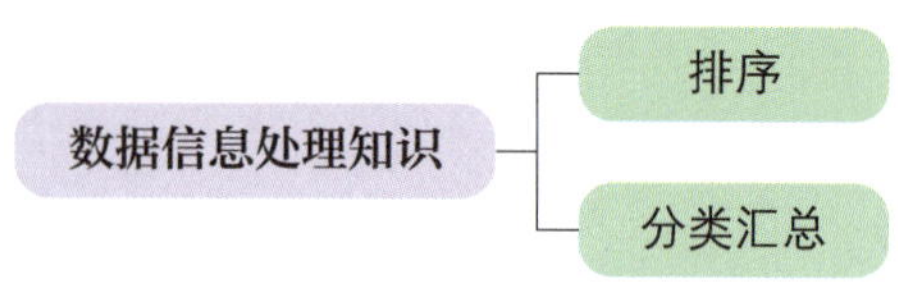

图 4-8-3　思维导图

本实训任务是根据某茶叶生产基地产量表数据，使用 Excel 2021 软件，在文档中录入数据信息，并对数据进行字体、字号、对齐方式、加边框等美化操作，对数据进行排序和分类汇总，最后保存文件。

三、计划制订

根据任务分析，学生自己制订完成本实训任务的实训计划，并填写在表 4-8-1 中。

表 4-8-1　实训计划

序号	工作内容	所需时间

四、操作步骤提示

本实训任务的操作步骤提示见表 4-8-2。

表 4-8-2　操作步骤提示

序号	操作步骤	内容
1	录入数据	打开 Excel 2021 软件，在工作区中录入数据
2	设置标题字符、段落格式	选择标题所占单元格，合并单元格，设置标题字体为“黑体”，字号为“18”，字形为“加粗”，字体颜色为“黑色”，对齐方式为“居中”
3	设置表内数据字符、段落格式	设置表内数据，字体为“楷体”，字号为“14”，字体颜色为“黑色”，对齐方式“居中”
4	设置表格边框线	选择表内数据，设置内外框线为“细实线”

续表

序号	操作步骤	内容
5	数据排序	对“茶叶品级”进行升序排序
6	分类汇总	对相同品级的茶叶进行“生产量（吨）”汇总求和
7	保存文件	保存文件到 D 盘，将其命名为“某茶叶生产基地产量表”

五、总结与评价

实训完成后，学生展示作品，解说完成实训过程中的心得体会。展示完毕，可以从软件操作、作品效果、成果展示等方面对该实训任务进行评价，采用学生自评、学生互评、教师评价相结合的多元评价方式，见表 4–8–3。

表 4–8–3　实训评价

序号	评价要求	分值	学生自评（占比 30%）	学生互评（占比 30%）	教师评价（占比 40%）
1	能准确分析实训任务要求	10			
2	能熟练运用软件，操作设置准确	10			
3	能熟练设置字符格式、段落格式	20			
4	能熟练设置排序	20			
5	能熟练设置分类汇总	30			
6	能熟练进行效果展示及作品解说	10			
综合得分		100			

六、实训拓展

根据图 4–8–4 所示给定的数据信息，利用 Excel 2021 软件完成表格数据的自动筛选和高级筛选等操作。

操作提示及要求如下。

1. 打开图 4–8–4 所示表格中的数据信息。

2. 按“性别”进行“升序”排序。

3. 分类汇总出“性别”相同的总人数。

4. 保存文件，将其命名为“某技师学院 2021 秋平面设计专业学生报到情况统计表”。

“某技师学院 2021 秋平面设计专业学生报到情况统计表”最终效果如图 4–8–5 所示。

某技师学院2021秋平面设计专业学生报到情况统计表								
序号	姓名	性别	年龄	身份证号	毕业学校	家长姓名	联系电话	备注
2021001	曹焜	男	16	2303022005****5320	滴道中学	曹新成	137****1122	
2021002	陈思成	男	16	2303022005****5321	恒山中学	陈明坤	138****1123	
2021003	侯爽	女	17	2303022004****5322	树梁中学	侯广利	139****1124	
2021004	蒋佳豪	男	16	2303022005****5323	市一中	蒋新成	136****1125	
2021005	李嘉欣	女	16	2303022005****5324	实验中学	李刚	135****1126	
2021006	刘佳玲	女	16	2303022005****5325	麻山中学	刘士明	133****1127	
2021007	刘晓晴	女	18	2303022003****5326	兰岭中学	刘利	132****1128	
2021008	孙萌萌	女	16	2303022005****5327	树梁中学	孙晓科	137****1129	
2021009	孙悦	女	17	2303022004****5328	市一中	孙明玉	138****1130	
2021010	李欣	女	16	2303022005****5329	市一中	李新军	135****1131	
2021011	杨昊儒	男	16	2303022005****5330	麻山中学	杨坤	133****1132	
2021012	叶景坤	男	16	2303022005****5331	市一中	叶明涛	132****1133	
2021019	王春启	男	16	2303022005****5338	兰岭中学	王利利	139****1140	
2021014	周德航	男	17	2303022004****5333	滴道中学	周佳魁	135****1135	
2021015	邹明洋	男	17	2303022004****5334	恒山中学	邹宏杰	136****1136	
2021016	黄子涵	男	16	2303022005****5335	树梁中学	黄宏	138****1137	
2021017	李清龙	男	16	2303022005****5336	实验中学	李玉明	135****1138	
2021018	施洪心	男	18	2303022003****5337	麻山中学	施晓利	133****1139	
2021013	张宇航	男	16	2303022005****5332	实验中学	张明	131****1134	
2021020	王宁	女	16	2303022005****5339	兰岭中学	王新成	136****1141	

图 4-8-4 “某技师学院 2021 秋平面设计专业学生报到情况统计表”数据信息

	A	B	C	D	E	F	G	H	I
1	某技师学院2021秋平面设计专业学生报到情况统计表								
2	序号	姓名	性别	年龄	身份证号码	毕业学校	家长姓名	联系电话	备注
3	2021001	曹焜	男	16	2303022005xxxx5320	滴道中学	曹新成	137xxxx1122	
4	2021002	陈思成	男	16	2303022005xxxx5321	恒山中学	陈明坤	138xxxx1123	
5	2021004	蒋佳豪	男	16	2303022005xxxx5323	市一中	蒋新成	136xxxx1125	
6	2021011	杨昊儒	男	16	2303022005xxxx5330	麻山中学	杨坤	133xxxx1132	
7	2021012	叶景坤	男	16	2303022005xxxx5331	市一中	叶明涛	132xxxx1133	
8	2021019	王春启	男	16	2303022005xxxx5338	兰岭中学	王利利	139xxxx1140	
9	2021014	周德航	男	17	2303022004xxxx5333	滴道中学	周佳魁	135xxxx1135	
10	2021015	邹明洋	男	17	2303022004xxxx5334	恒山中学	邹宏杰	136xxxx1136	
11	2021016	黄子涵	男	16	2303022005xxxx5335	树梁中学	黄宏	138xxxx1137	
12	2021017	李清龙	男	16	2303022005xxxx5336	实验中学	李玉明	135xxxx1138	
13	2021018	施洪心	男	18	2303022003xxxx5337	麻山中学	施晓利	133xxxx1139	
14	2021013	张宇航	男	16	2303022005xxxx5332	实验中学	张明	131xxxx1134	
15		男 计数	12						
16	2021003	侯爽	女	17	2303022004xxxx5322	树梁中学	侯广利	139xxxx1124	
17	2021005	李嘉欣	女	16	2303022005xxxx5324	实验中学	李刚	135xxxx1126	
18	2021006	刘佳玲	女	16	2303022005xxxx5325	麻山中学	刘士明	133xxxx1127	
19	2021007	刘晓晴	女	18	2303022003xxxx5326	兰岭中学	刘利	132xxxx1128	
20	2021008	孙萌萌	女	16	2303022005xxxx5327	树梁中学	孙晓科	137xxxx1129	
21	2021009	孙悦	女	17	2303022004xxxx5328	市一中	孙明玉	138xxxx1130	
22	2021010	李欣	女	16	2303022005xxxx5329	市一中	李新军	135xxxx1131	
23	2021020	王宁	女	16	2303022005xxxx5339	兰岭中学	王新成	136xxxx1141	
24		女 计数	8						
25		总计数	20						

图 4-8-5 “某技师学院 2021 秋平面设计专业学生报到情况统计表”最终效果

七、知识巩固与提高

1. 在 Excel 2021 软件中，分类汇总在（ ）选项卡下。

A. 开始　　B. 数据

C. 插入　　D. 公式

2. 数据的分类汇总分为两个步骤进行，第一个步骤是用户利用（ ）功能将需要汇总的内容排列在一起，第二个步骤是系统利用预设的函数，根据用户设定的条件进行计算。

A. 高级　　B. 排序

C. 筛选　　D. 图表

3. 在分类汇总结果界面中，左上角有三个按钮 1 2 3，用于根据不同汇总层次展开或收缩表格。按下按钮（ ），将显示全部信息的汇总结果。

A. 1　　B. 2

C. 3　　D. 4

4. 在分类汇总结果界面中，左上角有三个按钮 1 2 3，用于根据不同汇总层次展开或收缩表格。按下按钮（ ），将显示排序项各自信息的汇总结果。

A. 1　　B. 2

C. 3　　D. 4

5. 在分类汇总结果界面中，左上角有三个按钮 1 2 3，用于根据不同汇总层次展开或收缩表格。按下按钮（ ），将显示所有信息的汇总结果。

A. 1　　B. 2

C. 3　　D. 4

实训任务 9
制作“一季度产品生产量汇总表”

一、实训任务

某生产公司生产三种不同的产品，聘请同一批工人师傅来生产这三种产品，每个月财务部门都会记录每名工人师傅的生产量，现需要汇总每位工人师傅一季度三种产品的生产量。要求财务人员在 45 min 内，根据三个月财务记录的生产量数据信息，如图 4-9-1 所示，应用 Excel 2021 软件进行数据的录入，并利用合并计算功能完成一季度产品生产量汇总表的制作，同时美化工作表，最终效果如图 4-9-2 所示。

姓名	产品1	产品2	产品3
张晓科	25	32	37
李树清	36	47	48
孙小平	28	43	35
赵晓利	35	37	41
于清河	34	45	36
赵平	27	37	35
李晓波	35	46	37
姚秀波	32	44	36
隋新宇	36	38	40
孙和平	43	36	41
钱一多	35	34	38
周可新	26	42	36
吴兴山	28	35	43
张平	31	35	37
郑友发	35	38	41

姓名	产品1	产品2	产品3
张晓科	43	35	28
李树清	37	35	31
孙小平	48	47	36
赵晓利	35	43	28
于清河	41	37	35
赵平	37	46	35
李晓波	36	44	32
姚秀波	40	38	36
隋新宇	41	36	43
孙和平	36	45	34
钱一多	35	37	27
周可新	36	42	26
吴兴山	41	38	35
张平	37	32	25
郑友发	38	34	35

姓名	产品1	产品2	产品3
张晓科	47	37	37
李树清	43	48	36
孙小平	37	35	40
赵晓利	46	41	41
于清河	44	43	36
赵平	35	38	35
李晓波	35	36	31
姚秀波	32	45	36
隋新宇	36	37	28
孙和平	43	42	41
钱一多	34	38	37
周可新	27	32	38
吴兴山	35	34	35
张平	25	36	35
郑友发	35	28	26

图 4-9-1 “某生产公司 1、2、3 月产品生产量统计表”数据信息

	A	B	C	D
1	一季度产品生产量汇总表			
2	姓名	产品1	产品2	产品3
6	张晓科	115	104	102
10	李树清	116	130	115
14	孙小平	113	125	111
18	赵晓利	116	121	110
22	于清河	119	125	107
26	赵平	99	121	105
30	李晓波	106	126	100
34	姚秀波	104	127	108
38	隋新宇	113	111	111
42	孙和平	122	123	116
46	钱一多	104	109	102
50	周可新	89	116	100
54	吴兴山	104	107	113
58	张平	93	103	97
62	郑友发	108	100	102

图 4-9-2　最终效果

二、任务分析

要完成本实训任务，应按照图 4-9-3 所示的思维导图复习教材中所学的知识点和技能点。

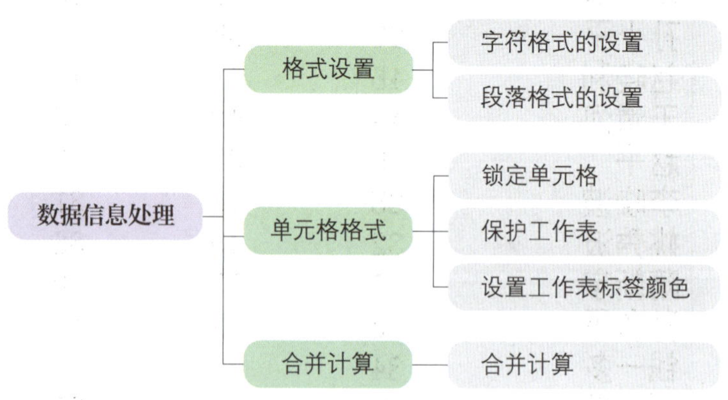

图 4-9-3　思维导图

本实训任务是根据某生产公司提供的 1、2、3 月产品生产量统计表数据，使用 Excel 2021 软件，在文档中录入数据信息，对数据进行合并计算，并对数据进行字体、字号、对齐方式、加边框等美化操作，完成一季度生产量汇总表的制作，最后保存文件。

三、计划制订

根据任务分析，学生自己制订完成本实训任务的实训计划，并填写在表 4-9-1 中。

表 4-9-1　实训计划

序号	工作内容	所需时间

四、操作步骤提示

本实训任务的操作步骤提示见表 4-9-2。

表 4-9-2　操作步骤提示

序号	操作步骤	内容
1	录入数据	打开 Excel 2021 软件，分别在 3 个工作簿中录入 1、2、3 月的生产量数据
2	合并计算	打开 Excel 2021 软件，在新工作簿中利用合并计算功能，将 1、2、3 月的生产量合并（求和）到该工作簿中
3	设置标题格式	将 A1:D1 单元格合并，输入“一季度产品生产量汇总表”文本，设置字体为“华文中宋”，字号为“20”，字体颜色为“黑色”，字形为“加粗”，对齐方式为“居中”
4	设置表内数据字符、段落格式	选择表内数据，设置字体为“楷体”，字号为“14”，字体颜色为“黑色”，对齐方式为“居中”，适当调整列宽
5	设置表格边框线	选择表内数据，设置内外框线为“细实线”
6	保存文件	保存文件到 D 盘，将其命名为“一季度产品生产量汇总表”

五、总结与评价

实训完成后，学生展示作品，解说完成实训过程中的心得体会。展示完毕，可以从软件操作、作品效果、成果展示等方面对该实训任务进行评价，采用学生自评、学生互评、教师评价相结合的多元评价方式，见表 4–9–3。

表 4–9–3　实训评价

序号	评价要求	分值	学生自评（占比 30%）	学生互评（占比 30%）	教师评价（占比 40%）
1	能准确分析实训任务要求	10			
2	能熟练运用软件，操作设置准确	10			
3	能熟练使用合并计算功能	30			
4	能熟练设置字符格式和段落格式	20			
5	能熟练设置边框	20			
6	能熟练进行效果展示及作品解说	10			
综合得分		100			

六、实训拓展

根据图 4–9–4 所示给定的数据信息，利用 Excel 2021 软件完成表格数据的合并计算并美化表格。

类别	费用（元）
人员培训	2000
办公用品	1500
餐饮费	2400
交通费	1800
油补费	2100
加班费	3500
电费	1200
水费	500

类别	费用（元）
人员培训	1800
办公用品	2500
餐饮费	3200
交通费	1300
油补费	1100
加班费	4200
电费	1400
水费	800

类别	费用（元）
人员培训	2400
办公用品	2200
餐饮费	1400
交通费	1300
油补费	1100
加班费	1500
电费	1700
水费	600

类别	费用（元）
人员培训	1200
办公用品	800
餐饮费	3500
交通费	3800
油补费	2500
加班费	1300
电费	700
水费	200

图 4–9–4　“某公司人事部、设计部、培训部、销售部费用”数据信息

操作提示及要求如下。

1. 打开 Excel 2021 软件，在 4 个工作表中分别录入图 4–9–4 所示表格中的数据信息。

2. 新建一个工作表，利用合并计算功能，计算 4 个部门各项费用的平均值。

3. 重命名工作表，将 5 个工作表分别命名为“人事部、设计部、培训部、销售部、各部门汇总表”，并为各工作表标签设置颜色。

4. 美化工作表，在“各部门汇总表”工作表中，调整列宽，合并 A1:B1 单元格，输入“部门各消费项目平均值表”文字，设置字体为“黑体”，字号为“16 号”，字体颜色为“黑色”，字形为“加粗”，对齐方式为“居中”；选择表内数据，设置字体为“隶书”，字号为“14”，字体颜色为“黑色”，对齐方式为“居中”，适当调整列宽。

5. 锁定 A2:B42 单元格，并保护工作表。

6. 保存文件，将其命名为“某公司费用项目平均值表”。

“某公司费用项目平均值表”最终效果如图 4–9–5 所示。

	A	B	C	D
1	某公司费用项目平均值表			
2	类别	费用（元）		
7	人员培训	1850		
12	办公用品	1750		
17	餐饮费	2625		
22	交通费	2050		
27	油补费	1700		
32	加班费	2625		
37	电费	1250		
42	水费	525		
43				

人事部　设计部　培训部　销售部　各部门汇总表

图 4–9–5 “某公司费用项目平均值表”最终效果

七、知识巩固与提高

1. 在 Excel 2021 软件中，(　　) 是指通过合并计算的方法来汇总一个或多个源区中的数据。

A. 筛选　　　　B. 合并计算

C. 排序　　　　D. 图表

2. 在 Excel 2021 软件中，合并计算功能可以 (　　)、求平均值、计数、求最大值、求最小值等。

A. 筛选数据　　B. 按条件排序

C. 分类汇总　　D. 求和

3. 对于一些数据表和工作表，用户有时不希望对它的某部分或全部数据进行修改，通过 Excel 2021 软件中的（　　）功能可以实现工作表的部分或整个工作表的保护。

A. 加密　　B. 锁定和保护

C. 保护　　D. 冻结

4. 在 Excel 2021 软件中，工作表标签的颜色是可以更改的，更改工作表标签的颜色需要在（　　）选项卡下完成。

A. 开始　　B. 文件

C. 插入　　D. 数据

5. 在 Excel 2021 软件中，合并计算功能在（　　）选项卡下。

A. 开始　　B. 文件

C. 插入　　D. 数据

实训任务 10
利用邮件合并功能制作多张“名片”

一、实训任务

如家装饰公司为拓展公司业务，需要为公司员工制作一批名片。要求广告设计公司人员在 45 min 内，根据如家装饰公司提供的素材，利用 Word 2021 软件制作图 4-10-1 所示的名片模板，并应用 Excel 2021 软件录入员工数据信息，再利用 Word 2021 软件中的邮件合并功能完成多人名片的制作，最终效果如图 4-10-2 所示。

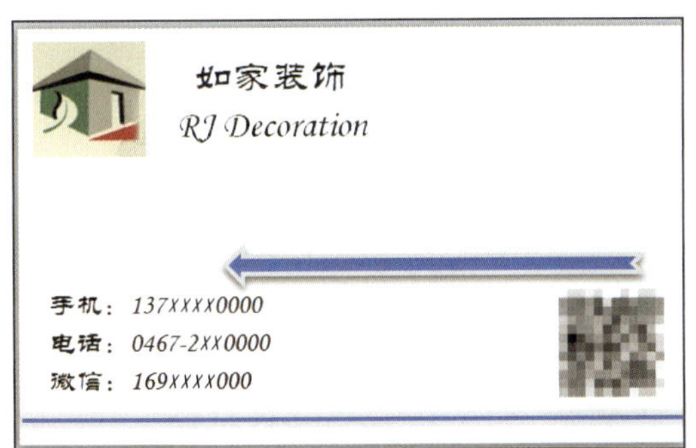

a）

	A	B	C
1	部门	姓名	职位
2	设计部	张广琳	设计师
3	设计部	李天华	设计师
4	设计部	王美琳	设计师
5	设计部	于欣宇	设计师
6	市场部	孙晓明	总监
7	市场部	刘凤莉	监理
8	市场部	庞新宇	监理
9	市场部	姚可军	监理

b）

图 4-10-1　名片模板和数据信息
a）名片模板　b）数据信息

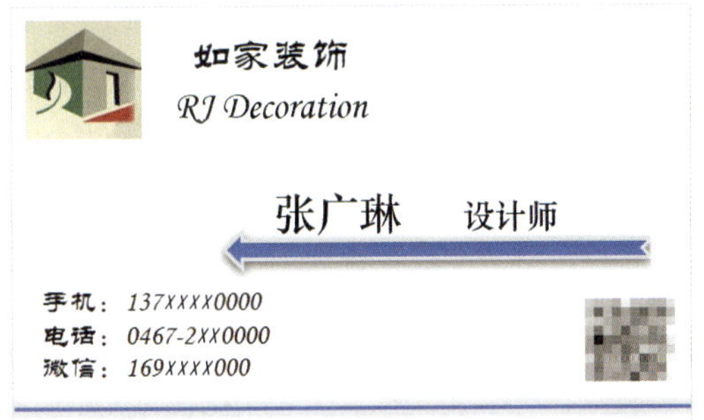

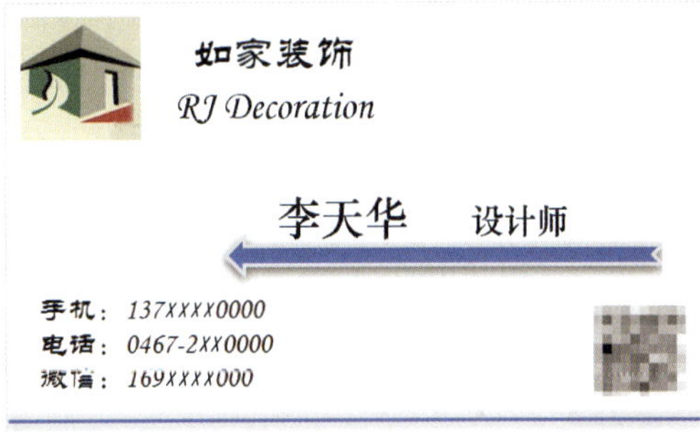

图 4-10-2 最终效果

二、任务分析

要完成本实训任务，应按照图 4-10-3 所示的思维导图复习教材中所学的知识点和技能点。

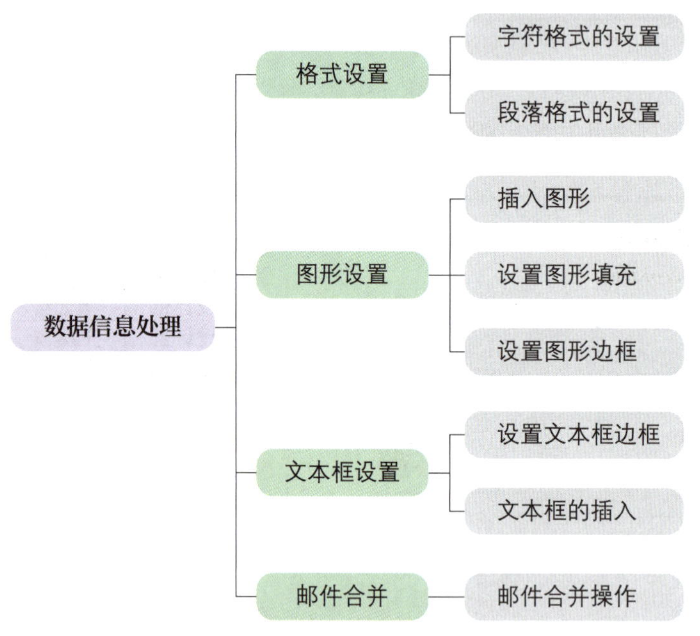

图 4-10-3 思维导图

本实训任务是根据如家装饰公司提供的素材和数据信息，先使用 Excel 2021 软件在文档中录入数据信息，然后使用 Word 2021 完成名片模板的制作，并利用邮件合并功能完成多人名片的制作，最后保存文件。

三、计划制订

根据任务分析，学生自己制订完成本实训任务的实训计划，并填写在表 4-10-1 中。

表 4-10-1 实训计划

序号	工作内容	所需时间

四、操作步骤提示

本实训任务的操作步骤提示见表 4-10-2。

表 4-10-2 操作步骤提示

序号	操作步骤	内容
1	录入数据并保存	打开 Excel 2021 软件，在工作区中录入数据，并保存为“名片数据”
2	制作名片模板	（1）插入“企业标识”和“二维码”图片，并调整位置 （2）插入文本框，录入文本信息，并美化文本（可自行设置） （3）插入直线和箭头形状，并美化形状（可自行设置）
3	邮件合并	利用 Word 2021 软件中的邮件合并向导完成名片制作
4	保存文件	保存 Word 文件到 D 盘，将其命名为“名片”

五、总结与评价

实训完成后，学生展示作品，解说完成实训过程中的心得体会。展示完毕，可以从软件操作、作品效果、成果展示等方面对该实训任务进行评价，采用学生自评、学生互评、教师评价相结合的多元评价方式，见表 4-10-3。

表 4-10-3 实训评价

序号	评价要求	分值	学生自评（占比 30%）	学生互评（占比 30%）	教师评价（占比 40%）
1	能准确分析实训任务要求	10			
2	能熟练运用软件，操作设置准确	10			

续表

序号	评价要求	分值	学生自评（占比30%）	学生互评（占比30%）	教师评价（占比40%）
3	能熟练录入数据信息	20			
4	能熟练插入图片、图形和文本框，并进行美化操作	20			
5	能熟练使用邮件合并功能	30			
6	能熟练进行效果展示及作品解说	10			
综合得分		100			

六、实训拓展

利用邮件合并功能打印 15 个信封，操作提示要求如下。

1. 利用 Word 2021 软件自行设计一个信封模板。

2. 利用 Excel 2021 软件创建工作表，内容包括序号、收信人邮寄地址、收信人邮编、收信人姓名、寄信人地址、寄信人邮编、寄信人姓名。

3. 利用 Word 2021 软件的邮件合并功能，实现 15 个信封同时打印。

4. 保存文件，将其命名为“信封”。

七、知识巩固与提高

1. 邮件合并功能在 Word 2021 软件中的（　　）选项卡下。

A. 邮件　　　　B. 数据

C. 插入　　　　D. 公式

2.（　　）功能需要同时用到 Word 2021 和 Excel 2021 软件，使用 Word 2021 软件制作主文档，使用 Excel 2021 软件制作数据源。

A. 邮件合并　　　　B. 排序

C. 筛选　　　　D. 图表

3. 邮件合并主文档是一个（　　），体现这类文档的共性部分，而由个性化部分汇总成的表格，就是数据源。

A. 文本　　　　B. 数据

C. 模板　　　　D. 文字

4. 运行邮件合并功能，可自动将数据源中的每条个性化内容分别填入（　　）中，生成若干文档页面。

A. 数据　　B. 文本

C. 主文档　　D. 文字

5. 邮件合并的主文档具有基本相同的布局、相同的（　　）设置、相同的文本和图形，仅在某些共同的特定部分有所不同，具有个性化内容。

A. 段落　　B. 格式

C. 字符　　D. 符号

实训任务 11
分析学生成绩数据

一、实训任务

某技师学院期末考试结束后，需要分析学生考试成绩不同等级的人数情况。要求教务工作人员在 20 min 内，根据某技师学院学生成绩统计表，如图 4-11-1 所示，应用 Excel 2021 软件进行数据的录入、美化工作表、计算总评成绩、利用函数求出综合等级等操作，最终效果如图 4-11-2 所示。

某技师学院学生成绩统计表					
课程名称	计算机组装维修		班级	2021级秋计网1	
学号	姓名	平时成绩	考试成绩	总评成绩	综合等级
20210101	张晓华	29	86		
20210102	李晓东	30	90		
20210103	田凤春	18	56		
20210104	李小斌	25	71		
20210105	孙晓晓	27	74		
20210106	胡金平	24	82		
20210107	秦冬梅	20	64		
20210108	徐晓萍	30	57		
20210109	王秋月	30	89		
20210110	陈小峰	30	96		
20210111	赵丽	28	72		
20210112	周萍	27	81		
20210113	陈强	25	64		
20210114	刘娟娟	28	72		
20210115	孟莎	22	45		
20210116	梁玉环	26	66		
20210117	曾小月	29	82		
20210118	姚春平	28	68		

图 4-11-1　某技师学院学生成绩统计表

某技师学院学生成绩统计表					
课程名称	计算机组装维修		班级	2021级秋计网1	
学号	姓名	平时成绩	考试成绩	总评成绩	综合等级
20210101	张晓华	29	86	89.2	优秀
20210102	李晓东	30	90	93	优秀
20210103	田凤春	18	56	57.2	不及格
20210104	李小斌	25	71	74.7	中等
20210105	孙晓晓	27	74	78.8	中等
20210106	胡金平	24	82	81.4	中等
20210107	秦冬梅	20	64	64.8	及格
20210108	徐晓萍	30	57	69.9	及格
20210109	王秋月	30	89	92.3	优秀
20210110	陈小峰	30	96	97.2	优秀
20210111	赵丽	28	72	78.4	中等
20210112	周萍	27	81	83.7	中等
20210113	陈强	25	64	69.8	及格
20210114	刘娟娟	28	72	78.4	中等
20210115	孟莎	22	45	53.5	不及格
20210116	梁玉环	26	66	72.2	中等
20210117	曾小月	29	82	86.4	优秀
20210118	姚春平	28	68	75.6	中等

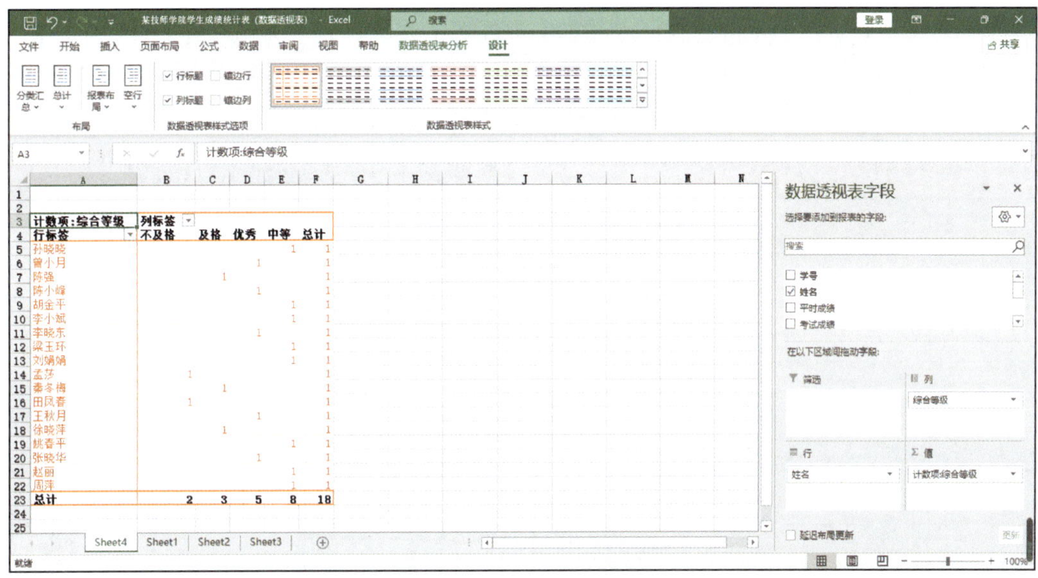

图 4-11-2　最终效果

二、任务分析

要完成本实训任务，应按照图 4-11-3 所示的思维导图复习教材中所学的知识点和技能点。

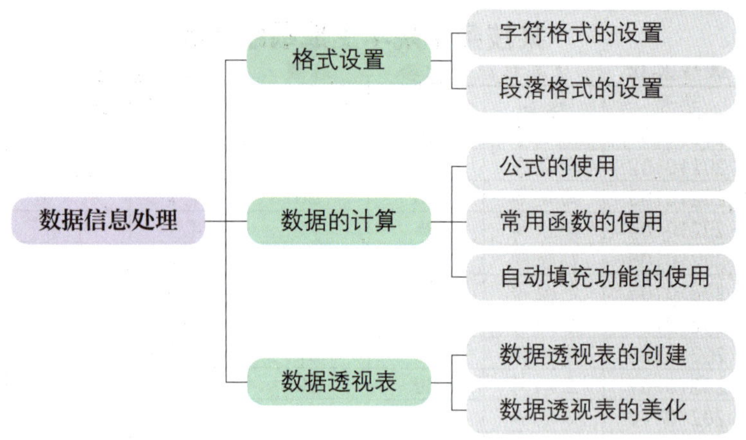

图 4-11-3　思维导图

本实训任务是根据某技师学院学生成绩统计表数据，使用 Excel 2021 软件，在文档中录入数据信息，并对数据进行字体、字号、对齐方式、加边框等美化操作，对数据进行计算和数据透视表操作，最后保存文件。

三、计划制订

根据任务分析，学生自己制订完成本实训任务的实训计划，并填写在表 4-11-1 中。

表 4-11-1　实训计划

序号	工作内容	所需时间

四、操作步骤提示

本实训任务的操作步骤提示见表 4-11-2。

表 4-11-2　操作步骤提示

序号	操作步骤	内容
1	录入数据	打开 Excel 2021 软件，在工作区中录入数据
2	设置标题字符、段落格式	选择标题所占单元格，合并单元格，设置标题字体为“黑体”，字号为“20”，字形为“加粗”，字体颜色为“黑色”，对齐方式为“居中”
3	设置副标题	将 B1:C1 单元格、E1:F1 单元格合并，选择数据，设置字体为“楷体”，字号为“16”，字体颜色为“黑色”，对齐方式为“居中”，A1 和 D1 单元格数据设置字形为“加粗”
4	设置表内数据字符、段落格式	设置表内数据，字体为“楷体”，字号为“16”，字体颜色为“黑色”，对齐方式为“居中”，适当调整列宽
5	设置表格边框线	选择表内数据，设置外框线为“粗实线”，内框线为“细实线”
6	数据计算	计算“总评成绩”（总评成绩 = 平时成绩 + 考试成绩 ×70%）
7	应用函数统计人数	利用 IF 函数求出“综合等级”，85 分（含）以上为优秀，70 分（含）至 85 分为中等，60 分（含）至 70 分为及格，60 分以下为不及格
8	应用数据透视表统计人数	利用数据透视表统计综合等级的人数，将数据透视表样式设置为“浅橙色”，数据透视表样式为“浅色 14”
9	保存文件	保存文件到 D 盘，将其命名为“某技师学院学生成绩统计表”

五、总结与评价

实训完成后，学生展示作品，解说完成实训过程中的心得体会。展示完毕，可以从软件操作、作品效果、成果展示等方面对该实训任务进行评价，采用学生自评、学生互评、教师评价相结合的多元评价方式，见表 4-11-3。

表 4-11-3　实训评价

序号	评价要求	分值	学生自评（占比 30%）	学生互评（占比 30%）	教师评价（占比 40%）
1	能准确分析实训任务要求	10			
2	能熟练运用软件，操作设置准确	10			
3	能熟练设置字符格式和段落格式	10			
4	能熟练设置边框	10			

续表

序号	评价要求	分值	学生自评（占比 30%）	学生互评（占比 30%）	教师评价（占比 40%）
5	能熟练利用公式和函数计算数据	20			
6	能熟练应用数据透视表功能	30			
7	能熟练进行效果展示及作品解说	10			
综合得分		100			

六、实训拓展

根据图 4–11–4 所示给定的数据信息，利用 Excel 2021 软件完成表格数据的计算和数据透视表等操作，最终效果如图 4–11–5 所示。

某单位员工月工资情况汇总表

序号	姓名	性别	技术职称	基本工资	车费补助	话费补助	奖金	实发工资
1	陶芃屹	男	高工	3000	200	200	500	
2	何洋	女	高工	3000	200	200	500	
3	王玮明	男	技师	3500	300	300	600	
4	王国龙	男	中级工	2500	100	100	400	
5	郭江峰	男	中级工	2500	100	100	400	
6	李梅	女	高工	3000	200	200	500	
7	付双鑫	男	高工	3000	200	200	500	
8	朱哲宇	男	高工	3000	200	200	500	
9	高也	男	技师	3500	300	300	600	
10	李栋鸣	男	高工	3000	200	200	500	
11	尹君	女	高工	3000	200	200	500	
12	王丽	女	技师	3500	300	300	600	
13	曹正平	男	中级工	2500	100	100	400	
14	王柏弘	男	技师	3500	300	300	600	
15	李雨婷	女	技师	3500	300	300	600	

图 4–11–4 “某单位员工月工资情况汇总表”数据信息

操作提示及要求如下。

1. 打开图 4–11–4 所示表格中的数据信息。

2. 计算实发工资（实发工资 = 基本工资 + 车费补助 + 话费补助 + 奖金）。

3. 根据已给数据信息，利用数据透视表功能求出不同技术职称的人数；数据透视表样式为“玫瑰红，数据透视表样式浅色 10”，在数据透视表样式选项中勾选“镶边行”“镶边列”。

4. 保存文件，将其命名为“某单位员工月工资情况汇总表”。

“某单位员工月工资情况汇总表”最终效果如图 4–11–5 所示。

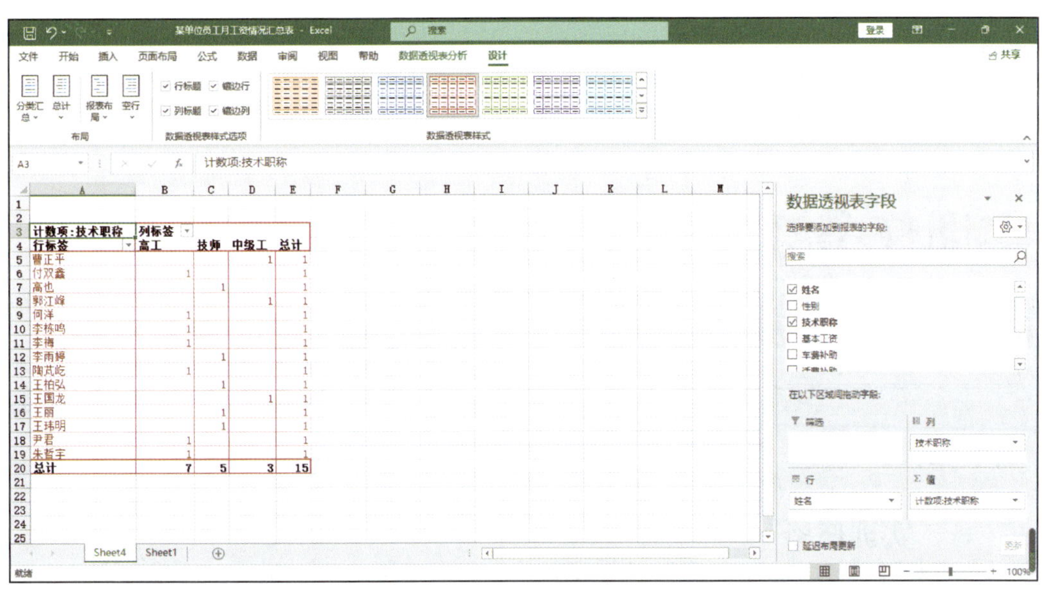

图 4-11-5 “某单位员工月工资情况汇总表”最终效果

七、知识巩固与提高

1. 在 Excel 2021 软件中，数据透视表在（　　）选项卡下。

A. 开始　　　　B. 数据

C. 插入　　　　D. 公式

2.（　　）是一种可以快速汇总大量数据的交互式、交叉制表的 Excel 报表，用于对多种来源的数据（包括 Excel 表格中的数据和数据库记录等外部数据）进行汇总和分析，尤其是对于记录多、结构复杂的工作表，使用起来更加方便。

A. 图表　　　　B. 数据透视表

C. 筛选　　　　D. 分类汇总

3. 在 Excel 函数中，能够根据不同条件显示不同结果的函数是（　　）函数。

A. SUM　　　　B. AVERAGE

C. IF　　　　D. MIN

4. Excel 数据透视表是一种用于对数据进行分析的（　　）维表格，它的特点在于表格结构的不固定性，可以随时根据实际需要进行调整而得出不同的表格视图。

A. 一　　　　B. 二

C. 三　　　　D. 四

实训任务 12
制作“如家装饰公司 2021 年度培训预算计划表”

一、实训任务

如家装饰公司为提高员工的综合素质，需要对全体员工定期开展培训，公司经理想要提前了解全年培训预算计划情况。要求培训主管部门工作人员在 45 min 内，根据各项目本年发生额，如图 4-12-1 所示，应用 Excel 2021 软件进行数据的录入，进行表格美化、单变量求解、模拟分析和方案管理等操作，完成年度培训预算计划方案的制作，“如家装饰公司 2021 年度培训预算计划表”最终效果如图 4-12-2 所示。

	A	B
1	如家装饰公司2021年度培训预算计划表	
2	费用项目	本年发生额
3	培训费	85000
4	管理费	35000
5	水电费	5000
6	保险费	4500
7	租赁费	20000
8	差旅费	5000
9	预算总额	

		租赁费								
		25000	23000	21000	20000	19000	18000	17000	16000	15000
培训费	100000									
	95000									
	90000									
	85000									
	80000									
	75000									
	70000									
	65000									
	60000									

图 4-12-1 “如家装饰公司 2021 年度培训预算计划表”数据信息

	A	B
1	如家装饰公司2021年度培训预算计划表	
2	费用项目	本年发生额
3	培训费	85000
4	管理费	35000
5	水电费	5000
6	保险费	4500
7	租赁费	20000
8	差旅费	5000
9	预算总额	154500

单变量求解 ? ×

目标单元格(E): B9

目标值(V): 120000

可变单元格(C): $B$3

确定　取消

	A	B
1	如家装饰公司2021年度培训预算计划表	
2	费用项目	本年发生额
3	培训费	50500
4	管理费	35000
5	水电费	5000
6	保险费	4500
7	租赁费	20000
8	差旅费	5000
9	预算总额	120000

单变量求解状态 ? ×

对单元格 B9 进行单变量求解求得一个解。

单步执行(S)

暂停(P)

目标值：120000

当前解：120000

确定　取消

a）

	A	B	C	D	E	F	G	H	I	J	K	L
1	如家装饰公司2021年度培训预算计划表											
2	费用项目	本年发生额										
3	培训费	85000										
4	管理费	35000										
5	水电费	5000										
6	保险费	4500										
7	租赁费	20000										
8	差旅费	5000										
9	预算总额	154500										
10												
11												
12			154500	25000	23000	21000	20000	19000	18000	17000	16000	15000
13			100000	174500	172500	170500	169500	168500	167500	166500	165500	164500
14			95000	169500	167500	165500	164500	163500	162500	161500	160500	159500
15			90000	164500	162500	160500	159500	158500	157500	156500	155500	154500
16			85000	159500	157500	155500	154500	153500	152500	151500	150500	149500
17			80000	154500	152500	150500	149500	148500	147500	146500	145500	144500
18			75000	149500	147500	145500	144500	143500	142500	141500	140500	139500
19			70000	144500	142500	140500	139500	138500	137500	136500	135500	134500
20			65000	139500	137500	135500	134500	133500	132500	131500	130500	129500
21			60000	134500	132500	130500	129500	128500	127500	126500	125500	124500

b）

	A	B	C	D	E	F	G
1	如家装饰公司2021年度培训预算计划表						
2	费用项目	本年发生额					
3	培训费	85000					
4	管理费	35000					
5	水电费	5000					
6	保险费	4500					
7	租赁费	20000					
8	差旅费	5000					
9	预算总额	154500					
10					情况1	情况2	情况3
11				培训费	85000	80000	75000
12				租赁费	20000	18000	16000
13				预算总额	154500	147500	140500

方案变量值 ? ×

请输入每个可变单元格的值

1: $B$4 30000

2: $B$5 4000

3: $B$6 4000

确定　取消

如家装饰公司2021年度培训预算计划表	
费用项目	本年发生额
培训费	85000
管理费	30000
水电费	4000
保险费	4000
租赁费	20000
差旅费	5000
预算总额	148000

	情况1	情况2	情况3
培训费	85000	80000	75000
租赁费	20000	18000	16000
预算总额	148000	141000	134000

方案管理器
方案(C):
培训预算计划方案1
添加(A)... 删除(D) 编辑(E)... 合并(M)... 摘要(U)...
可变单元格: $B$4:$B$6
批注: 创建者 123 日期 2022/8/20
修改者 123 日期 2022/8/20
显示(S) 关闭

c）

如家装饰公司2021年度培训预算计划表	
费用项目	本年发生额
培训费	85000
管理费	30000
水电费	4000
保险费	4000
租赁费	20000
差旅费	5000
预算总额	148000

	情况1	情况2	情况3
培训费	85000	80000	75000
租赁费	20000	18000	16000
预算总额	148000	141000	134000

方案变量值
请输入每个可变单元格的值
1: $B$4 40000
2: $B$5 4500
3: $B$6 3500
添加(A) 确定 取消

如家装饰公司2021年度培训预算计划表	
费用项目	本年发生额
培训费	85000
管理费	40000
水电费	4500
保险费	3500
租赁费	20000
差旅费	5000
预算总额	158000

	情况1	情况2	情况3
培训费	85000	80000	75000
租赁费	20000	18000	16000
预算总额	158000	151000	144000

方案管理器
方案(C):
培训预算计划方案1
培训预算计划方案2
添加(A)... 删除(D) 编辑(E)... 合并(M)... 摘要(U)...
可变单元格: $B$4:$B$6
批注: 创建者 123 日期 2022/8/20
显示(S) 关闭

d）

图 4-12-2 “如家装饰公司 2021 年度培训预算计划表”最终效果
a）单变量求解最终效果 b）模拟运算表最终效果 c）培训预算计划方案 1 最终效果
d）培训预算计划方案 2 最终效果

二、任务分析

要完成本实训任务，应按照图 4-12-3 所示的思维导图复习教材中所学的知识点和技能点。

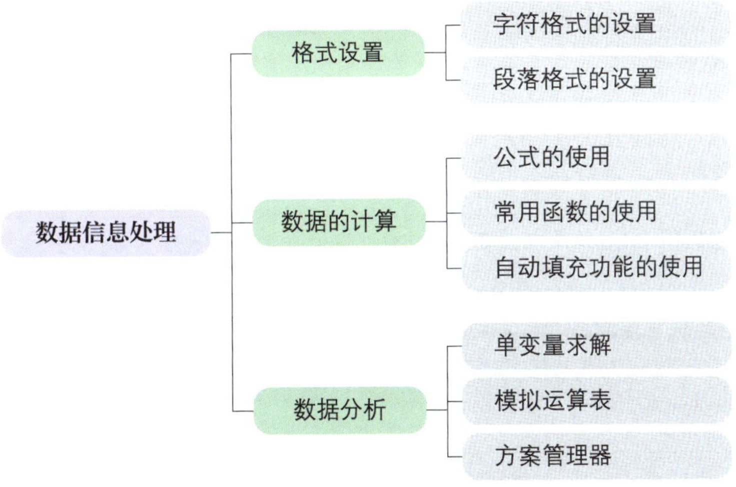

图 4-12-3 思维导图

本实训任务是根据“如家装饰公司 2021 年度培训预算计划表”数据，使用 Excel 2021 软件，在文档中录入数据信息，对数据进行字体、字号、对齐方式、加边框等美化操作，并对数据进行单变量求解、模拟运算、方案管理等操作，最后保存文件。

三、计划制订

根据任务分析，学生自己制订完成本实训任务的实训计划，并填写在表 4-12-1 中。

表 4-12-1 实训计划

序号	工作内容	所需时间

四、操作步骤提示

本实训任务的操作步骤提示见表 4-12-2。

表 4-12-2　操作步骤提示

序号	操作步骤	内容
1	录入数据	打开 Excel 2021 软件，在工作区中录入数据
2	设置标题字符、段落格式	选择标题所占单元格，合并单元格，设置标题字体为“华文中宋”，字号为“16”，字形为“加粗”，字体颜色为“黑色”，对齐方式为“居中”
3	设置表内数据字符、段落格式	设置表内数据，字体为“华文细黑”，字号为“12”，字体颜色为“黑色”，对齐方式为“居中”，适当调整列宽
4	设置表格边框线	选择表内数据，设置内外框线为“细实线”
5	数据计算	计算“预算总额”（预算总额 = 培训费 + 管理费 + 水电费 + 保险费 + 租赁费 + 差旅费）
6	单变量求解	利用“单变量求解”功能求出“预算总额”为 12 000 元时“培训费”的“本年度发生额”应为多少
7	模拟运算表	当“培训费”和“租赁费”按图 4-12-1 的数据发生变化时，计算“预算总额”的值分别为多少
8	方案管理	制作两个方案，培训预算计划方案 1：管理费为 30 000 元，水电费为 4 000 元，保险费为 4 000 元；培训预算计划方案 2：管理费为 40 000 元，水电费为 4 500 元，保险费为 3 500 元，并显示方案结果
9	保存文件	保存文件到 D 盘，将其命名为“如家装饰公司 2021 年度培训预算计划表”

五、总结与评价

实训完成后，学生展示作品，解说完成实训过程中的心得体会。展示完毕，可以从软件操作、作品效果、成果展示等方面对该实训任务进行评价，采用学生自评、学生互评、教师评价相结合的多元评价方式，见表 4-12-3。

表 4-12-3　实训评价

序号	评价要求	分值	学生自评（占比 30%）	学生互评（占比 30%）	教师评价（占比 40%）
1	能准确分析实训任务要求	10			
2	能熟练运用软件，操作设置准确	10			
3	能熟练设置字符格式和段落格式	10			
4	能熟练设置边框	10			

续表

序号	评价要求	分值	学生自评（占比 30%）	学生互评（占比 30%）	教师评价（占比 40%）
5	能熟练利用公式计算数据	10			
6	能熟练使用单变量求解功能	10			
7	能熟练使用模拟运算表功能	10			
8	能熟练使用方案管理器功能	20			
9	能熟练进行效果展示及作品解说	10			
综合得分		100			

六、实训拓展

根据图 4-12-4 所示给定的数据信息，利用 Excel 2021 软件完成单变量求解、模拟运算表、方案管理等操作。

	A	B
1	函数Y=4X+68的求解问题	
2		8
3	X值	8
4	截距	68
5	Y值	100

图 4-12-4　“方程求解”数据信息

操作提示及要求如下。

1. 录入方程式数据信息，如图 4-12-4 所示。

2. 利用公式求 B5 的值。

3. 利用单变量求解功能，求当 Y 为 200 时，X 的值为多少。

4. 利用模拟运算表功能，求当 Y 分别为 10、20、30、40、50、60、70、80 时，X 的值分别为多少。

5. 利用方案管理器功能，完成 2 个方案。方案 1：当 X=40 时，求 Y 的值；方案 2：当 X=100 时，求 Y 的值。

6. 保存文件，将其命名为“模拟分析在方程中的应用”。

“模拟分析在方程中的应用”最终效果如图 4-12-5 所示。

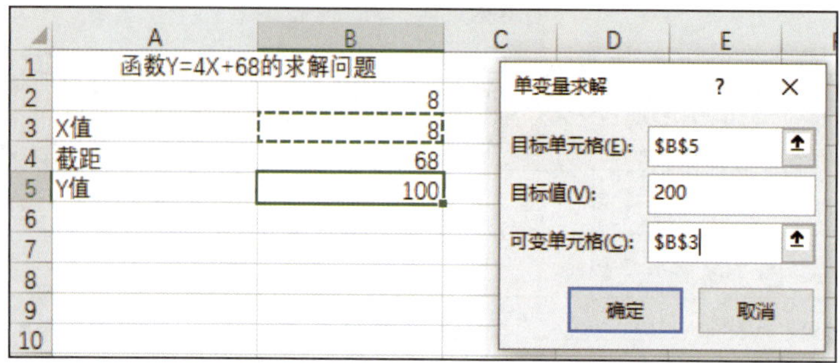

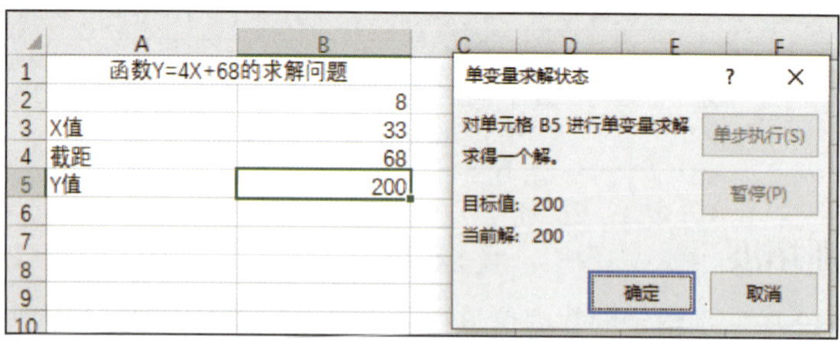

a）

	A	B	C	D	E	F	G
1	函数Y=4X+68的求解问题						
2							
3	X值	33					
4	截距	68					
5	Y值	200					
6							
7			Y值				
8		X值	200				
9		10					
10		20					
11		30					
12		40					
13		50					
14		60					
15		70					
16		80					

模拟运算表
输入引用行的单元格(R):
输入引用列的单元格(C): $B$3
确定　取消

	A	B	C
1	函数Y=4X+68的求解问题		
2			
3	X值	33	
4	截距	68	
5	Y值	200	
6			
7			Y值
8		X值	200
9		10	108
10		20	148
11		30	188
12		40	228
13		50	268
14		60	308
15		70	348
16		80	388

b）

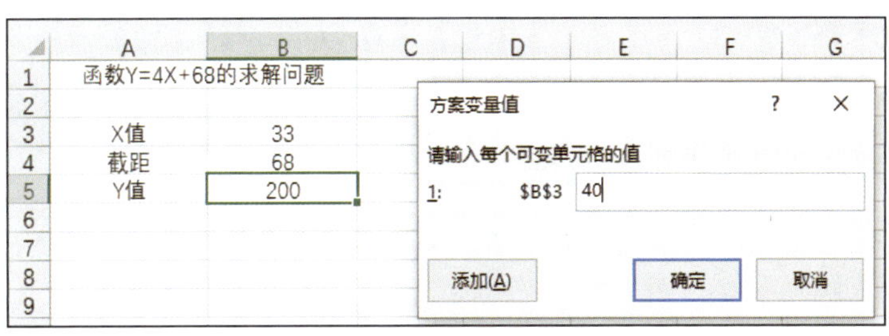

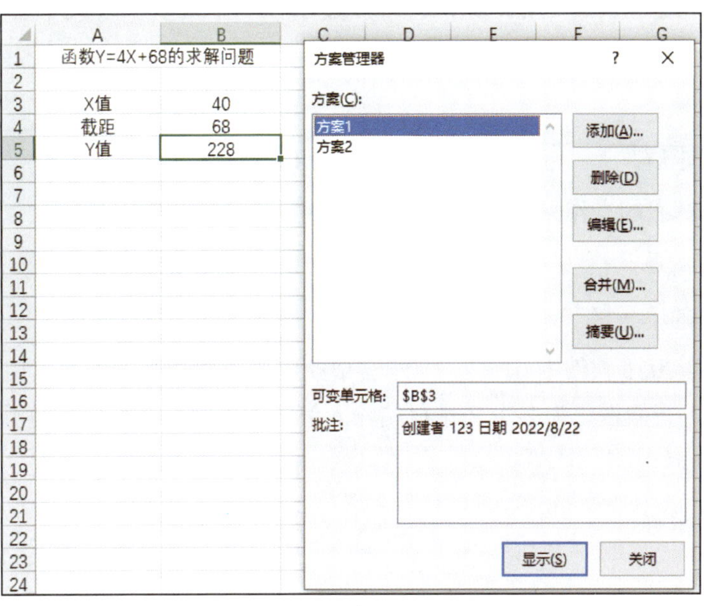

c）

图 4-12-5 “模拟分析在方程中的应用”最终效果

a）方程求解——单变量求解最终效果　b）方程求解——模拟运算表最终效果

c）方程求解——方案管理器最终效果

七、知识巩固与提高

1. 在 Excel 2021 软件中，模拟分析在（　　）选项卡下。

A. 开始　　　　B. 数据

C. 插入　　　　D. 公式

2.（　　）是模仿真实的场景进行假设性分析。在 Excel 2021 软件中，如果单元格中的数值发生了改变，那么工作表中公式的结果也会随之发生变化。

A. 模拟分析　　　　B. 方案管理器

C. 单变量求解　　　　D. 模拟运算表

3. 模拟分析有（　　）、模拟运算表和方案管理器三个工具。

A. 模拟运算　　　　B. 单变量

C. 单变量求解　　　　D. 方案预算

4.（　　）是根据一个已知的目标值和已有的公式，计算出另一个变量值（例如，$X+50=200$），它是一种逆向的假设性推断。

A. 模拟分析　　　　B. 方案管理器

C. 单变量求解　　　　D. 模拟运算表

5.（　　）是一个单元格区域，它可以显示在一个或多个公式中替换不同值时的结果。

A. 模拟分析　　　　B. 方案管理器

C. 单变量求解　　　　D. 模拟运算表

6. 模拟运算表的操作只需要（　　）和引用列的单元格两个参数。

A. 引用行的单元格　　　　B. 引用横的单元格

C. 引用竖的单元格　　　　D. 引用交叉的单元格

7. 在 Excel 2021 软件中，（　　）能够帮助用户创建和管理方案。使用该工具，用户能够方便地进行假设，为多个变量存储输入值的不同组合，同时为这些组合命名。

A. 模拟分析　　　　B. 方案管理器

C. 单变量求解　　　　D. 模拟运算表

项目五

PowerPoint 2021 的使用

实训任务 1
制作“教师节活动方案”演示文稿

一、实训任务

教师节快到了，学校要求每个班制作一个活动方案进行评选，学生从教师处接受任务，为班级制作“教师节活动方案”演示文稿。为了让方案展示效果更好、更加美观，要求学生在 45 min 内对图 5-1-1 所示的文字内容进行文字录入、图片插入、艺术字设置、形状设置，并使用主题美化演示文稿等操作，演示文稿由首页、目录、指导思想、活动细节、活动内容等页组成，“教师节活动方案”演示文稿最终效果如图 5-1-2 所示。

教师节活动方案

1. 指导思想

根据学校下发的通知，围绕主题，结合实际，认真组织开展好第38个教师节相关活动。让广大教师切身感受到节日的浓厚氛围，营造尊师重教和改革奋进的良好氛围；进一步激发全校教职员工“爱校爱班，无私奉献”的精神，确保师生共同渡过一个有意义的节日。

2. 活动细节

教师节活动主题：弘扬高尚师德 潜心立德树人

活动时间：9月9—10日

负责部门：教师节活动由校团委负责，其他部门配合完成。

3. 活动内容

（1）环境布置：一楼电子屏幕滚动播放对教师的祝福语“热烈庆祝第 38 个教师节”“感恩老师，祝福老师”“祝老师们节日快乐”“老师，您辛苦了”。大屏幕滚动时间为9月9—13日；在教室里由各班班主任负责在 9 月 8 日前完成一期庆祝教师节的专题黑板报。

（2）送花活动：上课前在走廊为教师献花，课间广播站送祝福。

（3）主题班会：各班利用9月9日晚自习开展一次以“浓浓师生情满满都是爱”为主题的班会。

图 5-1-1 “教师节活动方案”文字内容

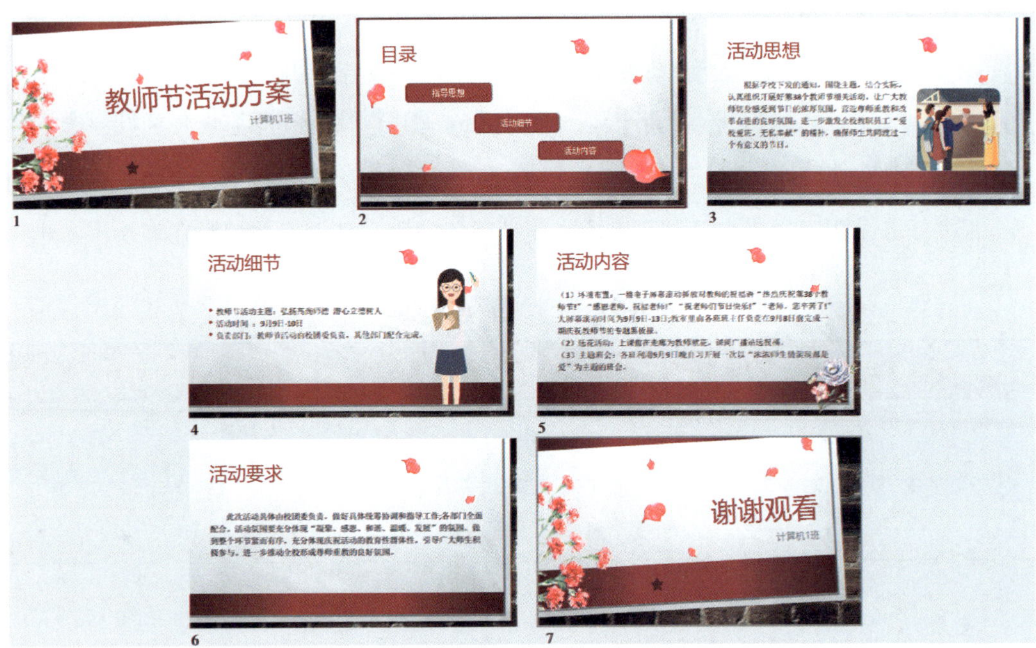

图 5-1-2 “教师节活动方案”演示文稿最终效果

二、任务分析

要完成本实训任务，应按照图 5-1-3 所示的思维导图复习教材中所学的知识点和技能点。

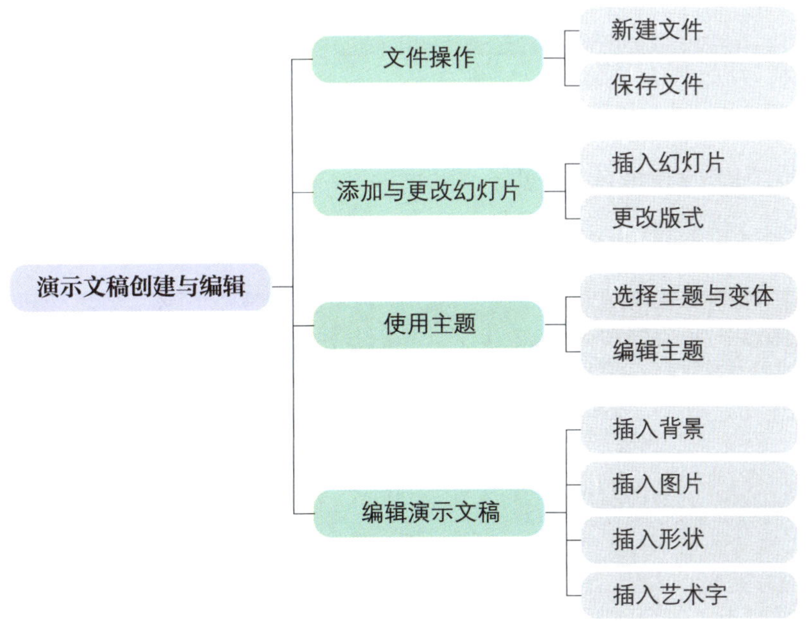

图 5-1-3　思维导图

本实训任务是为教师节活动方案评选制作演示文稿，使用 PowerPoint 2021 软件，在演示文稿中有条理地展示活动方案内容，并对录入文字信息的字体、字号、字形、字体颜色、居中方式、图片、艺术字、形状等进行美化操作，完成后保存文件。

三、计划制订

根据任务分析，学生自己制订完成本实训任务的实训计划，并填写在表 5-1-1 中。

表 5-1-1　实训计划

序号	工作内容	所需时间

四、操作步骤提示

本实训任务的操作步骤提示见表 5-1-2。

表 5-1-2　操作步骤提示

序号	操作步骤	内容
1	新建演示文稿	在桌面上使用鼠标左键双击 PowerPoint 2021 快捷方式图标，同时默认新建一篇名为“演示文稿 1”的文档
2	插入幻灯片	插入 7 页幻灯片，设置幻灯片 1、幻灯片 7 版式为“标题幻灯片”，幻灯片 2 版式为“仅标题”，幻灯片 3 至幻灯片 6 版式为“标题和内容”
3	设置幻灯片主题与大小	在“设计”选项卡中，设置主题为“主要事件”主题，将幻灯片大小设置为“标准 4：3”
4	录入文字	录入文字内容或从素材中粘贴文本

续表

序号	操作步骤	内容
5	设置格式	将幻灯片 1 标题格式设置为“微软雅黑、80 号、艺术字样式 A、红色”，普通文本设置为“微软雅黑、28 号、灰色”；幻灯片 2 标题文本格式设置为“微软雅黑、54 号、艺术字样式 A、红色”，其他文本格式设置为“宋体、24 号、白色”；幻灯片 3 至幻灯片 6 标题格式设置为“微软雅黑、54 号、艺术字样式 A、红色”；正文文本设置为“宋体、24 号、黑色”；幻灯片 7 与幻灯片 1 格式相同
6	插入形状	为幻灯片 2 插入形状，设置形状样式为
7	插入图片	在幻灯片各页中插入图片 7，复制多个并调整其大小位置。在幻灯片 1、幻灯片 7 中插入图片 3 并调整其大小位置；在幻灯片 3 中插入图片 15、在幻灯片 4 中插入图片 4、在幻灯片 5 中插入图片 6，调整其大小位置，并美化幻灯片
8	播放幻灯片	按 F5 键或状态栏中的按钮 播放幻灯片，检查是否有错误之处
9	保存文件	保存文件到 D 盘，将其命名为“教师节活动方案”

五、总结与评价

实训完成后，学生展示作品，解说完成实训过程中的心得体会。展示完毕，可以从工具使用、软件操作、作品效果、成果展示等方面对该实训任务进行评价，采用学生自评、学生互评、教师评价相结合的多元评价方式，见表 5–1–3。

表 5–1–3 实训评价

序号	评价要求	分值	学生自评（占比 30%）	学生互评（占比 30%）	教师评价（占比 40%）
1	能准确分析实训任务要求	10			
2	能熟练运用软件，操作设置准确	10			
3	能熟练插入幻灯片并更改其版式	10			
4	能熟练设置主题和变体	10			
5	能熟练插入背景、图片、形状和艺术字	20			
6	能熟练进行幻灯片复制、重命名、移动、删除等操作	20			
7	能熟练放映演示文稿并保存文件	10			
8	能熟练进行效果展示及作品解说	10			
综合得分		100			

六、实训拓展

根据图 5-1-4 所示给定文字内容，利用 PowerPoint 2021 软件完幻灯片文字录入、主题设置、幻灯片插入等操作。

校园法制教育活动

1. 治安管理处罚条例（摘录）

第二十二条　有下列侵犯他人人身权利行为之一，尚不够刑事处罚的，处十五日以下拘留、二百元以下罚款或者警告：

（一）殴打他人，造成轻微伤害的；

（二）非法限制他人人身自由或者非法侵入他人住宅的；

（三）公然侮辱他人或者捏造事实诽谤他人的；

（四）虐待家庭成员，受虐待人要求处理的；

（五）写恐吓信或者用其他方法威胁他人安全或者干扰他人正常生活的；

（六）胁迫或者诱骗不满十八岁的人表演恐怖、残忍节目，摧残其身心健康的；

（七）隐匿、毁弃或者私自开拆他人邮件、电报的。

2. 学生校园住宿安全预防措施

- 加强贵重物品的保管。对于比较贵重的物品一般不要放在较为显眼的位置，一段时间不需要用的应妥善存放或交人看管。
- 不要在房间内使用电炉、电饭煲、电熨斗等，防止引起火灾事故。
- 遵守学校的住宿纪律，不要在房间里从事危险的游戏活动。
- 发现或遭遇坏人，首先要保护好自己，同时立即想方设法报告学校保安或教师，应尽量避免与盗窃分子正面接触，更不要单打独斗。

3. 学生心理健康安全预防措施

- 主动把自己的思想行为向学校教师及家长进行交流与沟通，形成良好的思想与行为习惯。
- 学会与同学友好相处，结交知心朋友，同学之间要相互沟通、相互帮助。
- 积极参加各种健康有益的课余活动，促进健康心理的养成。

图 5-1-4 “校园法制教育活动”文字内容

操作提示及要求如下。

1. 录入或粘贴图 5-1-4 所示的文字信息。

2. 设置幻灯片 1 标题文字，字体为“黑体”，字号为“100”，艺术字为 A 橄榄色；设置其他文字，字体为“微软雅黑”，字号为“24”，字体颜色为“黑色”“淡色 25%”。

3. 设置幻灯片 2 标题文字，字体为“黑体”，字号为“66”，字体颜色为“青色”“深色 50%”；设置其他文字，字体为“微软雅黑”，字号为“36”，字体颜色为“黑色”“淡色 15%”。

4. 设置幻灯片 3 至幻灯片 5 标题文字，字体为“微软雅黑”，字号为“36”，字体颜色为“黑色”“淡色 15%”；设置其他文字，字体为“微软雅黑”，字号为“20”，字体颜色为“黑色”“淡色 15%”。

5. 设置幻灯片 6 文字格式与幻灯片 1 相同。

6. 设置主题为“徽章”。

7. 插入图片，并调整其大小与位置。

8. 放映演示文稿并检查错误，保存文件，将其命名为“校园法制教育活动”。

“校园法制教育活动”演示文稿最终效果如图 5-1-5 所示。

图 5-1-5 “校园法制教育活动”演示文稿最终效果

七、知识巩固与提高

1. 单击“开始”按钮，在字母（　　）开头的程序中找到“PowerPoint”。

A. E　　B. P

C. W　　D. A

2. 打开 PowerPoint 2021 软件，同时默认新建一篇名为（　　）的文档。

A. 幻灯片 1　　B. 文档 1

C. 演示文稿 1　　D. 未命名 1

3. 在 PowerPoint 2021 软件中，幻灯片默认大小为（　　）。

A. 16∶9　　B. 8∶6

C. 4∶3　　D. 6∶5

4. 在 PowerPoint 2021 软件中，位于窗口左侧，可以在幻灯片视图、大纲视图及其他视图间切换的是（　　）。

A. 备注窗口　　B. 大纲 / 幻灯片窗格

C. 状态栏　　D. 功能区

5. PowerPoint 母版包括（　　）、讲义母版和备注母版。

A. 幻灯片　　B. 幻灯片母版

C. 窗口　　D. 演示文稿

6. 美化幻灯片最快捷的方法是使用（　　）功能。

A. 主题　　B. 版式

C. 副本　　D. 形状

7. 在 PowerPoint 2021 软件中，单击（　　）选项卡下的“图像”组，包括图片、剪贴画、屏幕截图、相册等 4 个选项。

A. 图片　　B. 设计

C. 插入　　D. 视图

8. 对于已插入的文本框，通过“（　　）”按钮可以重新设置它的形状。

A. 更改形状　　B. 艺术字样式

C. 图片样式　　D. 形状格式

9. 要对一个已存在的演示文稿进行更改并保存到“桌面”，应该使用“（　　）”命令。

A. 保存　　B. 另存为

C. 导入　　　　　　　　　　　　　　　　D. 新建

10. 艺术字是一种特殊的图形文字，常用于表现幻灯片的标题文字，在演示文稿中插入艺术字后，在（　　）选项卡下，还可以对其大小、旋转角度和三维效果等进行设置。

A. 形状格式　　　　　　　　　　　　　　B. 插入

C. 艺术字格式　　　　　　　　　　　　　D. 视图

实训任务 2
制作“古诗分享”演示文稿

一、实训任务

某学校的学生从教师处接受一项任务，为“我为你推荐一首诗”主题班会制作一份“古诗分享”演示文稿。为了让分享过程更加生动有趣，要求学生在 45 min 内对图 5-2-1 所示的文字内容，进行文字录入与美化、插入视频与音频素材、美化演示文稿、创建超链接、制作动画按钮等操作，演示文稿由首页、目录、水墨画欣赏、作者简介、古诗阅读、古诗赏析 6 页组成，“古诗分享”演示文稿最终效果如图 5-2-2 所示。

古诗分享

1. 作者介绍

李白（701 年 2 月 8 日—762 年 12 月），字太白，号青莲居士。是唐代伟大的浪漫主义诗人，被后人誉为“诗仙”。

2. 古诗阅读

《山中问答》
作者　　李白
问余何意栖碧山，
笑而不答心自闲。
桃花流水窅然去，
别有天地非人间。

3. 古诗赏析

注释

余：我。

栖：居住。

碧山：在湖北省安陆县内，山下桃花岩是李白读书处。

闲：安然，泰然。

窅（yǎo）然：深远的样子。

别：另外。

非人间：不是人间，这里指人的隐居生活。

译文

有人问我为什么住在碧山上，我笑而不答，心中却闲适自乐。山上的桃花随着流水悠悠地向远方流去，这里就像别有天地的桃花源一样，不是凡尘世界所能比拟的。

图 5-2-1 “古诗分享”文字内容

图 5-2-2 “古诗分享”演示文稿最终效果

二、任务分析

要完成本实训任务，应按照图 5-2-3 所示的思维导图复习教材中所学的知识点和技能点。

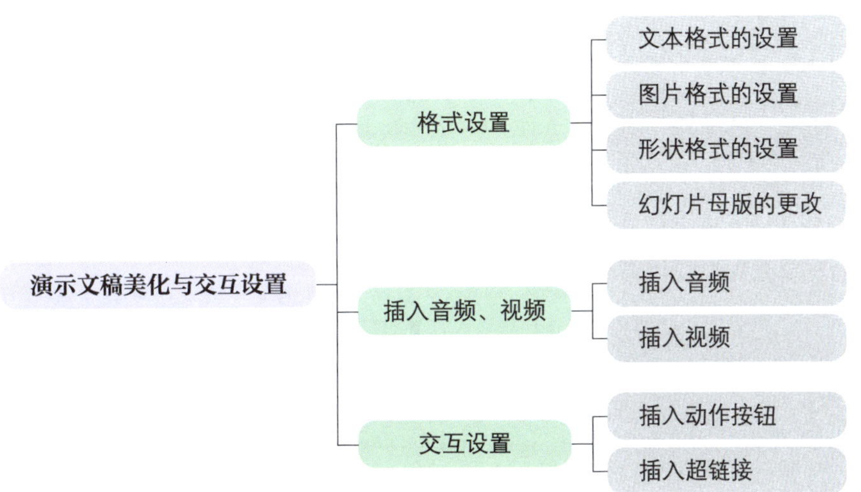

图 5-2-3 思维导图

本实训任务是根据《山中问答》诗词相关文字、音频、视频资料，使用 PowerPoint 2021 软件，制作古诗赏析演示文稿，对录入文字信息的字体、字号、字形、字体颜色、居中方式、图片、艺术字、形状等进行美化操作，并为演示文稿进行交互式设计，完成后保存文件。

三、计划制订

根据任务分析，学生自己制订完成本实训任务的实训计划，并填写在表 5-2-1 中。

表 5-2-1　实训计划

序号	工作内容	所需时间

四、操作步骤提示

本实训任务的操作步骤提示见表 5-2-2。

表 5-2-2　操作步骤提示

序号	操作步骤	内容
1	设置背景	打开 PowerPoint 2021 软件，将素材“背景 1.jpg”设置为幻灯片 1 的背景，将“背景 2.jpg”设置为幻灯片 2 至幻灯片 6 的背景
2	设置文字及图形格式	通过录入或从文本素材中粘贴，在幻灯片 2 中插入“SmartArt 图形”中的“垂直曲形列表”，在幻灯片 4 中插入素材“李白 .jpg”
3	设置格式	将幻灯片 1 标题格式设置为“华文隶书、72 号、艺术字样式 A、黑色”，将普通文本设置为“华文隶书、32 号、黑色”；将幻灯片 2 标题文本格式设置为“华文隶书、60 号、艺术字样式 A、橄榄绿”；将其他文本格式设置为“华文隶书、44 号、白色”；幻灯片 3 至幻灯片 6 标题格式设置为“华文隶书、60 号、艺术字样式 A、茶色轮廓”；将正文文本设置为“隶书、20 号、黑色”
4	插入超链接	为幻灯片 2 中的 4 个图形创建超链接，从上到下依次将“水墨画欣赏”矩形链接到幻灯片 3，将“作者介绍”矩形链接到幻灯片 4，将“古诗阅读”矩形链接到幻灯片 5，将“古诗赏析”矩形链接到幻灯片 6
5	插入动作按钮	分别单击幻灯片 3 至幻灯片 6，将超链接目标设置为幻灯片 2“目录页”
6	插入视频	在幻灯片 3 中插入“水墨画欣赏 .wmv”视频文件，插入视频后需要通过“播放”选项卡对视频播放属性进行设置，勾选“不播放时隐藏”复选项

续表

序号	操作步骤	内容
7	插入音频	在幻灯片 1 中插入“背景音乐 .mp3”音频文件，在“播放”选项卡下设置“播放”选项为“跨幻灯片播放”，并勾选“放映时隐藏”复选项 在幻灯片 5 中插入音频（素材文件中的“山中问答—李白 .mp3”），设置“播放”选项为“单击时”开始播放
8	播放幻灯片	按 F5 键或状态栏中的按钮 来播放幻灯片，检查是否有错误
9	保存文件	保存文件到 D 盘，将其命名为“古诗分享”

五、总结与评价

实训完成后，学生展示作品，解说完成实训过程中的心得体会。展示完毕，可以从工具使用、软件操作、作品效果、成果展示等方面对该实训任务进行评价，采用学生自评、学生互评、教师评价相结合的多元评价方式，见表 5-2-3。

表 5-2-3 实训评价

序号	评价要求	分值	学生自评（占比 30%）	学生互评（占比 30%）	教师评价（占比 40%）
1	能准确分析实训任务要求	10			
2	能熟练运用软件，操作设置准确	10			
3	能新建、保存、打开、关闭演示文稿	10			
4	能熟练更改母版	10			
5	能熟练设置文本、图片、形状格式	10			
6	能熟练插入视频、音频，并准确设置	20			
7	能熟练对演示文稿进行交互设置	20			
8	能熟练进行效果展示及作品解说	10			
综合得分		100			

六、实训拓展

根据图 5-2-4 所示给定的文字内容，利用 PowerPoint 2021 软件完成幻灯片文字录入、美化及交互设置等操作。

世界无烟日

1. 认识世界无烟日

在1987年11月，世界卫生组织在日本东京举行的第6届吸烟与健康国际会议上建议把每年的4月7日定为世界无烟日，并从1988年开始执行，但从1989年开始，世界无烟日改为每年的5月31日，因为第二天是国际儿童节，希望下一代免受烟草的危害。

2. 烟草的来历

烟草原产于美洲，15世纪末由哥伦布带回欧洲，随后逐渐在世界上被广泛传播。明朝初期（16世纪中叶），烟草传入中国。发达国家的卷烟产量及消费量增长缓慢，发展中国家成为世界卷烟产量及消费量增长的主要来源。中国是世界上最大的烟草生产国和消费国，卷烟的产量和消费量约占全球的40%。

3. 烟草的有害成分

烟草燃烧所产生的烟雾是由7 000多种化合物所组成的复杂混合物，其中气体占95%，如一氧化碳、氢化氰、挥发性亚硝胺等，颗粒物占5%，包括半挥发物及非挥发物，如烟焦油、尼古丁等。这些化合物绝大多数对人体有害，其中至少有69种为已知的致癌物，如多环芳烃、亚硝胺等，而尼古丁是引起成瘾的物质。

4. 吸烟的危害

吸烟可能引发肺、喉、肾、胃、膀胱、结肠、口腔和食道等部位的肿瘤，以及慢性阻塞性肺疾病（COPD）、缺血性心脏病、脑卒中、流产、早产、出生缺陷等其他疾病。在我国人群中，所有归因于烟草的死亡中COPD和肺癌约占60%，而所患吸烟相关疾病中，COPD占45%，肺癌占15%，食管癌、胃癌、肝癌、脑卒中、冠心病和肺结核各占5%～8%。

5. 戒烟的好处

早戒比晚戒好，戒比不戒好。无论何时戒烟，戒烟后均可赢得更长的预期寿命。一项对男医生进行的为期50年的随访队列研究发现，吸烟者与不吸烟者相比，平均寿命约减少10年，60岁、50岁、40岁或30岁时戒烟可分别赢得约3年、6年、9年或10年的预期寿命。

图 5-2-4 “世界无烟日”文字内容

操作提示及要求如下。

1. 录入或粘贴图 5-2-4 所示文字信息。

2. 设置幻灯片 1 标题文字，字体为“微软雅黑”，字号为“72”；设置艺术字，图案填充为“深红”；设置其他文字，字体为“微软雅黑”，字号为“30”，字体颜色为“浅灰”。

3. 设置幻灯片 2 标题文字，字体为“微软雅黑”，字号为“66”，字体颜色为“浅灰”；设置其他文字，字体为“微软雅黑”，字号为“36”，字体颜色为“浅灰”。

4. 设置幻灯片 3 至幻灯片 7 标题文字，字体为“微软雅黑”，字号为“36”，字体颜色为“浅灰”；设置其他文字，字体为“微软雅黑”，字号为“24”，字体颜色为“浅灰”。

5. 设置幻灯片 8 的文字格式与幻灯片 1 相同。

6. 设置主题为“离子”。

7. 插入图片，并调整其大小与位置。

8. 为目录页插入超链接。

9. 放映演示文稿检查有无错误，保存文件，将其命名为“世界无烟日主题班会”。

“世界无烟日主题班会”演示文稿最终效果如图 5-2-5 所示。

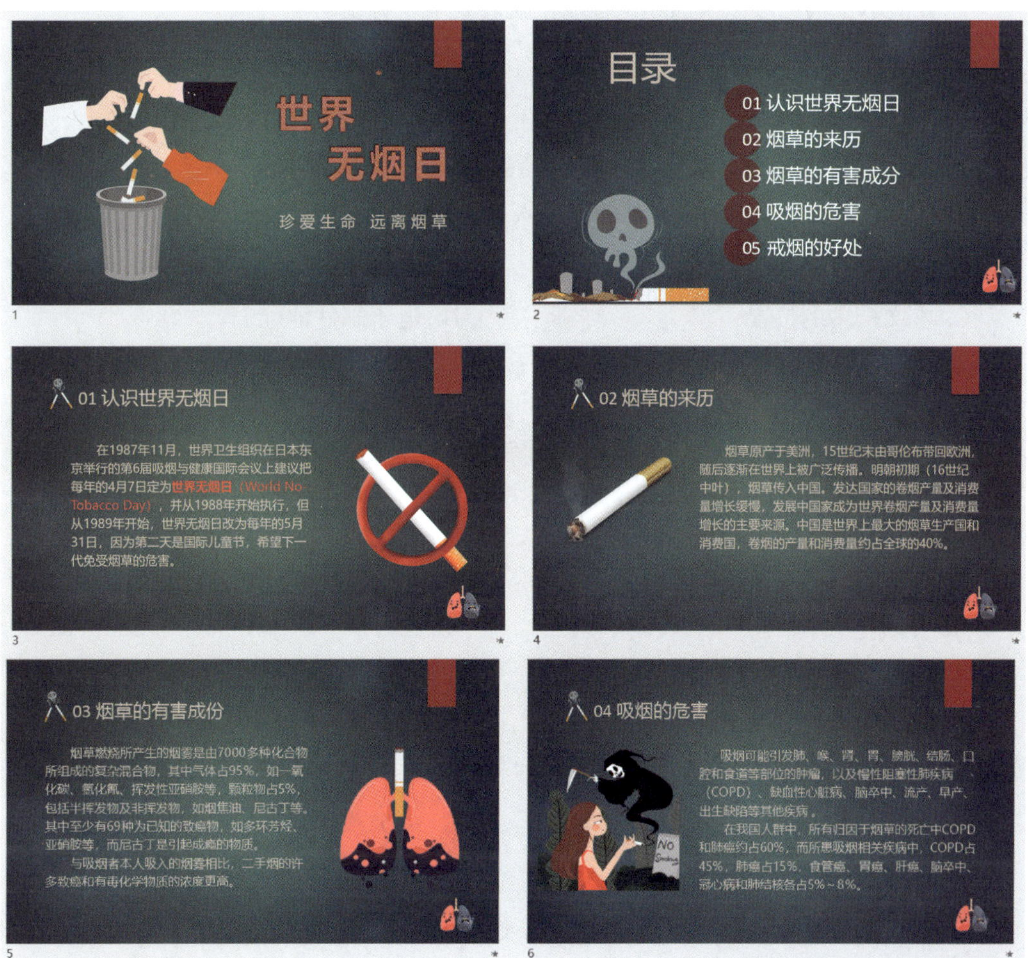

图 5-2-5

图 5-2-5 “世界无烟日主题班会”演示文稿最终效果

七、知识巩固与提高

1. 在演示文稿中可以添加超链接以便跳转到某个特定的（　　）。

A. 网址　　B. 位置

C. 文件　　D. 图片

2. 热点插入链接后跳转到演示文稿内容位置时，首先选中热点对象，单击“插入”选项卡下的“链接”按钮，在打开的“插入超链接”对话框中选择（　　）。

A. 现有文件或网页　　B. 新建文档

C. 本文档中的位置　　D. 电子邮件地址

3. 除了超链接功能，PowerPoint 2021 软件还提供了一种单纯实现各种跳转操作的（　　）。

A. 位置缩放　　B. 动作按钮

C. 辅助线　　D. 动画效果

4. 在 PowerPoint 2021 软件中，可以通过“（　　）”选项卡插入一段音频或视频。

A. 开始　　B. 文件

C. 视图　　D. 插入

5. 对已插入的音频可通过“（　　）”选项卡进行音量、播放方式、音频样式、剪裁音频和预览等操作。

A. 播放　　B. 插入

C. 形状格式　　D. 视图

6. 插入图片后，通过“（　　）”选项卡下“裁剪”工具下拉菜单中的“裁剪为形状”命令，对图片进行裁剪。

A. 图片格式　　B. 视图

C. 形状格式　　D. 设计

7. 单击“形状格式”选项卡下的“形状填充”按钮，在下拉菜单中单击“(　　)”，对图片进行选择后即可将图片添加到形状中。

A. 图片或纹理填充　　B. 纯色填充

C. 渐变填充　　D. 幻灯片背景填充

8. 单击“图片格式”选项卡下的“(　　)”按钮可以达到改变图片形状的目的。

A. 形状样式　　B. 艺术字样式

C. 图片样式　　D. 形状格式

9. 当演示文稿使用（　　）功能时，PowerPoint 会记录每一页演示时所用的时间。一旦计时成功，演示文稿可以自动放映。

A. 幻灯片放映　　B. 幻灯片演示

C. 排练计时　　D. 自定义幻灯片放映

10. 在幻灯片中插入计算机中视频文件时，单击“插入”选项卡下的“视频”按钮，在下拉列表中单击“(　　)”选项来完成。

A. 此设备…　　B. 库存视频

C. 联机视频　　D. 网址

实训任务 3
制作“电子相册”演示文稿

一、实训任务

某班级即将毕业，同学们接到一项任务制作曾经学习班级的“电子相册”，主要体现班级集体生活的照片，结合背景音乐，纪念同学们在一起的难忘时光。要求使用多种动画效果，使幻灯片更加动感、漂亮。演示文稿由首页、内页共 9 页组成，最终效果如图 5-3-1 所示。

图 5-3-1 “电子相册”演示文稿最终效果

二、任务分析

要完成本实训任务，应按照图 5–3–2 所示的思维导图复习教材中所学的知识点和技能点。

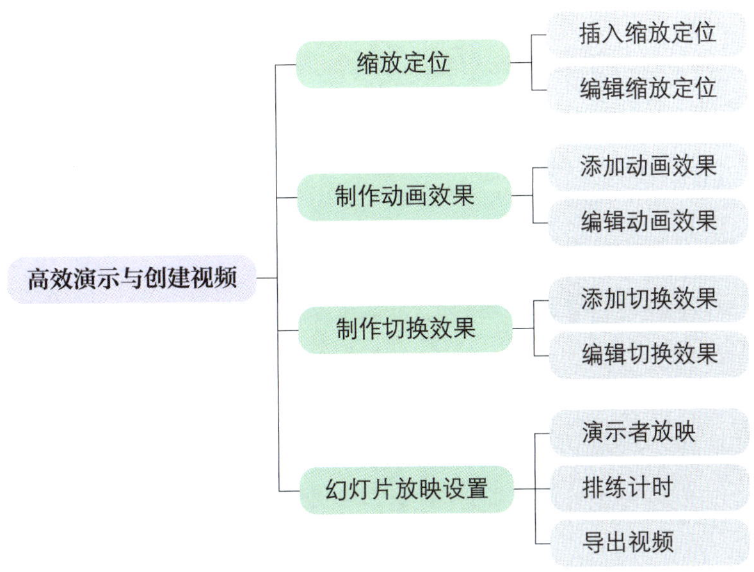

图 5–3–2 思维导图

本实训任务是根据班级学习生活图片、文字、音频资料，使用 PowerPoint 2021 软件，制作电子相册纪念过往的学习生活。在制作中对演示文稿中的字体、字号、字体颜色、图片、艺术字等进行美化操作，对文字、图片的切换制作动画效果，并对演示文稿进行排练计时，最终创建视频，完成“电子相册”演示文稿的制作，最后保存文件。

三、计划制订

根据任务分析，学生自己制订完成本实训任务的实训计划，并填写在表 5–3–1 中。

表 5–3–1 实训计划

序号	工作内容	所需时间

四、操作步骤提示

本实训任务的操作步骤提示见表 5-3-2。

表 5-3-2　操作步骤提示

序号	操作步骤	内容
1	新建演示文稿	打开 PowerPoint 2021 软件，创建一个空白演示文稿，并将其命名为“电子相册”
2	文本录入与美化	录入文字，在幻灯片 1 中录入文本“青春足迹”，设置为“华文行楷、60 号、黑色”；将“毕业纪念册”设置为“华文行楷、32 号、黑色”；将幻灯片 2 中的文字设置为“华文行楷”，为突出“曾经”两个字，将其字号设置为“54 号、红色”，其他文本设置为“28 号、黑色”；将幻灯片 3 中的文字设置为“华文行楷、28 号、黑色”；为突出“我们”“校”“留”“足迹”等内容，将其设置为“48 号、红色和黄色”；将幻灯片 4 中的文字设置为“华文新魏、40 号”；为突出“我们”两个字，将其字体设置为“60 号、黑色”。设置幻灯片 6 和幻灯片 7 中的文本格式与幻灯片 4 相同
3	添加动画效果	在幻灯片 1 中，为“青春足迹”文本框添加“淡出”动画效果，将持续时间设置为“03.80”，开始条件设置为“与上一动画同时”；为“班级纪念册”文本框添加“旋转”动画效果，将“持续时间”设置为“03.10”，开始条件设为“上一动画之后” 在幻灯片 2 中，为“曾经的体育场”文本框添加“淡出”动画效果，将持续时长设置为“02.70” 在幻灯片 3 中，为“那些我们走过的校园”文本框添加“淡出”动画效果，将“持续时间”设置为“02.50”，开始条件设置为“与上一动画同时”；为“那些我们留下的足迹”文本框添加“淡出”动画效果，将持续时间设置为“03.00”，开始条件设置为“上一动画之后” 参照以上方法，自行设计其他页面的动画效果，设置完成后注意通过预览查看动画的播放效果、顺序等是否符合设计意图
4	添加幻灯片切换效果	将幻灯片 1 的切换效果设置为“涟漪”，将幻灯片 2 的切换效果设置为“闪耀”，将幻灯片 3 的切换效果设置为“涡流”，其他页面自行设置，持续时间均设置为默认值
5	插入缩放定位	在幻灯片 1 中插入幻灯片 2 至幻灯片 9 的缩放位置，调整缩略图位置与大小；将缩放定位效果设置为“阴影”与“映像”
6	插入音频	在幻灯片 1 中插入音频素材文件，在“动画窗格”中将音频设置为“与上一动画同时”

续表

序号	操作步骤	内容
7	录制幻灯片	单击“幻灯片放映”选项卡下的“录制幻灯片演示”按钮，在下拉菜单中选择“从头开始录制”选项，对幻灯片进排练计时，演示完成后保存文件
8	保存文件	保存文件到 D 盘，将其命名为“电子相册”
9	创建视频	确保幻灯片不再修改，单击“录制”选项中的“导出到视频”命令，在“保存”对话框中选择文件格式为“.mp4”，将其命名为“电子相册视频”

五、总结与评价

实训完成后，学生展示作品，解说完成实训过程中的心得体会。展示完毕，可以从工具使用、软件操作、作品效果、成果展示等方面对该实训任务进行评价，采用学生自评、学生互评、教师评价相结合的多元评价方式，见表 5–3–3。

表 5–3–3　实训评价

序号	评价要求	分值	学生自评（占比 30%）	学生互评（占比 30%）	教师评价（占比 40%）
1	能准确分析实训任务要求	10			
2	能熟练运用软件，操作设置准确	10			
3	能熟练对文件进行另存为、导出操作	10			
4	能熟练制作动画效果	20			
5	能熟练制作切换效果	20			
6	能熟练制作缩放定位	10			
7	能熟练设置幻灯片放映方式	10			
8	能熟练进行效果展示及作品解说	10			
综合得分		100			

六、实训拓展

根据图片素材，利用 PowerPoint 2021 软件完幻灯片动画效果、切换效果、排练计时制作一个“摄影作品展”演示文稿并创建视频。“摄影作品展”演示文稿最终效果如图 5–3–3 所示。

图 5-3-3 “摄影作品展”演示文稿最终效果

操作提示及要求如下。

1. 创建演示文稿，将其命名为“摄影作品展”，选择“平面”主题，对首页进行个性化设计。

2. 插入图片，并调整其大小与位置。

3. 设置幻灯片 1 中的标题文字，字体为“华文新魏”，字号为“72”，设置艺术字为“绿色 阴影”；设置其他文字，字体为“华文新魏”，字号为“24”，字体颜色为“深灰”。

4. 设置幻灯片 2 中的标题文字，字体为“华文新魏”，字号为“48”，设置艺术字为“黑色 阴影”；设置其他文字，字体为“微软雅黑”，字号为“36”，字体颜色为“浅灰”。

5. 设置幻灯片 3 至幻灯片 8 中文字格式，字体为“华文新魏”，字号为“24”，字体颜色为“黑色”；设置英文，字体为“微软雅黑”，字号为“12”，字体颜色为“黑色”。

6. 设置幻灯片 9 中文字格式，字体为“华文新魏”，字号为“72”，设置艺术字为“黑色、阴影”。

7. 在幻灯片 2 中插入“位置缩放”，选择幻灯片 3 至幻灯片 8，调整缩略图大小与位置。

8. 自行添加动画效果。

9. 自行添加幻灯片切换效果。

10. 放映幻灯片，设置排练计时，无误后保存文件。

11. 创建视频并保存文件。

七、知识巩固与提高

1. 添加动画效果时，选中需要设置动画的对象（包括图片、文字、图形等），单击“(　　)”选项卡下“动画”组列表框中的任意一种动画效果即可。

A. 切换　　B. 插入

C. 动画　　D. 视图

2. 动画的触发时机、持续时间和延迟运行时间等参数，都可通过“动画”选项卡下的“(　　)”组进行设置。

A. 动画　　B. 高级动画

C. 计时　　D. 预览

3. 对于动画的播放时机，PowerPoint 2021 提供了“单击时”“与上一动画同时”和“上一动画之后”三个选项。选择“(　　)”，则当前动画效果在单击鼠标左键后执行。

A. 上一动画之后　　B. 单击时

C. 与上一动画同时　　D. 始终

4. 在 PowerPoint 2021 软件中为图片去掉背景的操作是，单击“图片格式”选项卡下“调整”组中的“(　　)”按钮。

A. 校正　　B. 图片填充

C. 删除背景　　D. 透明度

5. 对于不同的动画效果，单击“动画”组中的“(　　)”按钮，可对播放效果进行更为详细的设置。

A. 效果选项　　B. 动画刷

C. 添加动画　　D. 计时

6. 编辑“飞入”效果的“效果选项”时，“(　　)”选项可以控制动画效果时长。

A. 计时　　B. 触发

C. 添加动画　　D. 预览

7. 单击“(　　)”选项卡下“切换到此幻灯片”组切换效果列表中的任意一种，即可在当前幻灯片应用，并预览播放效果。

A. 开始　　B. 切换

C. 视图　　D. 插入

8. 幻灯片切换声音和速度，通过“切换”选项卡下的“(　　)”组来进行编辑。

A. 计时　　B. 切换到此幻灯片

C. 动画　　D. 预览

9. 已插入幻灯片中的缩放定位与（　　）相似，可以通过“缩放”选项卡对“缩放定位选项”“缩放定位样式”“辅助功能”“排列”和“大小”进行设置。

A. 艺术字　　B. 形状

C. 图片　　D. 图标

10. 在“切换”选项卡下“计时”组中，可对切换效果的详细参数进行设置，包括切换时播放的声音、(　　)、换片方式等。

A. 形状　　B. 图片

C. 切换效果的持续时间　　D. 动画